Matthias Kammerer

Spinwelleninduziertes Schalten Magnetischer Vortexkerne

Matthias Kammerer

Spinwelleninduziertes Schalten Magnetischer Vortexkerne

Zeitaufgelöste Beobachtung der Magnetisierungsdynamik magnetischer Nanostrukturen unter resonanter GHz Anregung

Südwestdeutscher Verlag für Hochschulschriften

Impressum/Imprint (nur für Deutschland/only for Germany)
Bibliografische Information der Deutschen Nationalbibliothek: Die Deutsche Nationalbibliothek verzeichnet diese Publikation in der Deutschen Nationalbibliografie; detaillierte bibliografische Daten sind im Internet über http://dnb.d-nb.de abrufbar.
Alle in diesem Buch genannten Marken und Produktnamen unterliegen warenzeichen-, marken- oder patentrechtlichem Schutz bzw. sind Warenzeichen oder eingetragene Warenzeichen der jeweiligen Inhaber. Die Wiedergabe von Marken, Produktnamen, Gebrauchsnamen, Handelsnamen, Warenbezeichnungen u.s.w. in diesem Werk berechtigt auch ohne besondere Kennzeichnung nicht zu der Annahme, dass solche Namen im Sinne der Warenzeichen- und Markenschutzgesetzgebung als frei zu betrachten wären und daher von jedermann benutzt werden dürften.

Coverbild: www.ingimage.com

Verlag: Südwestdeutscher Verlag für Hochschulschriften GmbH & Co. KG
Heinrich-Böcking-Str. 6-8, 66121 Saarbrücken, Deutschland
Telefon +49 681 37 20 271-1, Telefax +49 681 37 20 271-0
Email: info@svh-verlag.de

Zugl.: Stuttgart, Universität, Diss., 2011

Herstellung in Deutschland (siehe letzte Seite)
ISBN: 978-3-8381-3258-7

Imprint (only for USA, GB)
Bibliographic information published by the Deutsche Nationalbibliothek: The Deutsche Nationalbibliothek lists this publication in the Deutsche Nationalbibliografie; detailed bibliographic data are available in the Internet at http://dnb.d-nb.de.
Any brand names and product names mentioned in this book are subject to trademark, brand or patent protection and are trademarks or registered trademarks of their respective holders. The use of brand names, product names, common names, trade names, product descriptions etc. even without a particular marking in this works is in no way to be construed to mean that such names may be regarded as unrestricted in respect of trademark and brand protection legislation and could thus be used by anyone.

Cover image: www.ingimage.com

Publisher: Südwestdeutscher Verlag für Hochschulschriften GmbH & Co. KG
Heinrich-Böcking-Str. 6-8, 66121 Saarbrücken, Germany
Phone +49 681 37 20 271-1, Fax +49 681 37 20 271-0
Email: info@svh-verlag.de

Printed in the U.S.A.
Printed in the U.K. by (see last page)
ISBN: 978-3-8381-3258-7

Copyright © 2012 by the author and Südwestdeutscher Verlag für Hochschulschriften GmbH & Co. KG and licensors
All rights reserved. Saarbrücken 2012

Inhaltsverzeichnis

Abkürzungsverzeichnis		**9**
1 Einleitung		**11**
2 Grundlagen		**13**
2.1	Rasterröntgentransmissionsmikroskopie	13
	2.1.1 Synchrotronstrahlung	13
	2.1.2 Zonenplatte	16
	2.1.3 MAXYMUS	17
	2.1.4 XMCD Effekt	18
2.2	Magnetismus	21
	2.2.1 Magnetostatik	21
	2.2.2 Magnetodynamik	25
	2.2.3 Magnetostatische Spinwellen	31
2.3	Magnetischer Vortex	39
	2.3.1 Einführung	39
	2.3.2 Statischer Vortex und Antivortex	39
	2.3.3 Vortexdynamik	44
3 Methoden in Experiment und Simulation		**55**
3.1	Experimenteller Aufbau	55
	3.1.1 Rotierende GHz Felder	59
	3.1.2 $12\,GHz$ Platine	60
	3.1.3 Vortexstruktur auf Membranen	63
	3.1.4 Statische Abbildungen	66
	3.1.5 Dynamische Abbildungen	71
	3.1.6 Datenaufbereitung	74
3.2	Simulationen	76
	3.2.1 Der OOMMF Code	76
	3.2.2 Datenauswertung	78
	3.2.3 Steuerung von OOMMF	80
3.3	Analytische Methoden	81
	3.3.1 Lokale Fouriertransformation	81

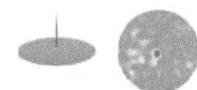

Inhaltsverzeichnis

    3.3.2 Rotierendes Bezugssystem 81

4 Ergebnisse und Diskussion   **83**
  4.1 Bestimmung des magnetostatischen Eigenspektrums 84
    4.1.1 Magnetisierungsdynamik nach einer breitbandigen Anregung . . . 84
    4.1.2 Charakteristika 88
  4.2 Resonante Spinwellenanregung mit rotierenden Feldern 91
    4.2.1 Ausbildung von Extrema der Magnetisierung 92
    4.2.2 Experimentelle Anregung und Beobachtung 92
    4.2.3 Diskussion – Ausbildung von Dips 95
    4.2.4 Superpositionsmodell 97
  4.3 Vortexkernschalten durch Spinwellenanregung 99
    4.3.1 Phasendiagramme für Vortexkernschalten 101
    4.3.2 Zeitaufgelöste Experimente 105
    4.3.3 Zeitaufgelöste Simulationen 107
    4.3.4 Diskussion 108
    4.3.5 Zusammenfassung 112
  4.4 Dynamische Eigenschaften beim Schalten 112
    4.4.1 Beschreibung des Schaltvorgangs im Realraum 112
    4.4.2 Unterschiedliche „Schaltfreudigkeit" für entgegengesetzt rotierende Moden 114
    4.4.3 Gyroradius 116
    4.4.4 Vortexgeschwindigkeit 117
    4.4.5 Schaltzeiten und Mehrfachschalten 118
  4.5 Ultraschnelles Schalten des Vortexkernes 121
    4.5.1 Ultraschnelles Schalten – Simulationen I 121
    4.5.2 Ultraschnelles Schalten – Experimente 122
    4.5.3 Ultraschnelles Schalten – Simulationen II 128
    4.5.4 Erklärung für verzögertes Schalten 130
    4.5.5 Weitere Optimierung der Schaltzeiten 133

5 Zusammenfassung und Ausblick   **139**
  5.1 Zusammenfassung 139
  5.2 Ausblick 140

6 Summary and Outlook   **143**
  6.1 Summary 143
  6.2 Outlook 144

A Anhang   **147**
  A.1 Detaillierte Beschreibung der $10\,GHz$ Schaltung 147

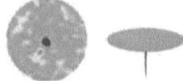

Inhaltsverzeichnis

    A.2 TDR Messungen 149
    A.3 Maximale Stromdichte 149
    A.4 Modifizierte Normierung 151
    A.5 Ausführlichere Diskussion des Spinwellenspektrums 152
        A.5.1 Breitbandige Anregung 152
        A.5.2 Kontinuierliche Anregung 154
    A.6 Resonante Dynamik 157
    A.7 Schaltzeiten in Einheiten der Dipausbildungszeit 159
    A.8 Ultraschnelles Schalten 159

B Literaturverzeichnis   **167**

Danksagung   **179**

Inhaltsverzeichnis

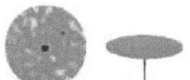

Abkürzungsverzeichnis

Py	Permalloy, weichmagnetische Legierung aus Nickel und Eisen ($Ni_{81}Fe_{19}$)
a.u.	Arbitrary Units (beliebige Einheiten)
AC	Alternating Current (Wechselstrom)
ALS	Advanced Light Source, Elektronenspeicherring, Berkeley, USA
APD	Avalanche Photo Diode (Lawinenfotodiode)
Balun	Balanced-Unbalanced (Umwandlung von symmetrischem in asymmetrisches Signal)
BESSY	Berliner Elektronenspeicherring-Gesellschaft für Synchrotronstrahlung mbH
CCW	Counter Clockwise (entgegen dem Uhrzeigersinn)
CW	Clockwise (im Uhrzeigersinn)
DC	Direct Current (Gleichstrom)
FWHM	Full Width Half Max (Halbwertsbreite)
HF	Hochfrequenz
LLG	Landau-Lifschitz-Gilbert
MAXYMUS	MAgnetic X-raY Micro- and UHV Spectroscope
MSBVW	Magnetostatic Backward Volume Wave (Rückwärtsvolumenwelle)
MSFVW	Magnetostatic Forward Volume Wave (Vorwärtsvolumenwelle)
MSSW	Magnetostatic Surface Wave (Oberflächenwelle)
OOMMF	Object Oriented Micromagnetic Framework
OSA	Order Separating Aperture
PGM	Plane Grating Monochromator
SMA	Sub-Miniature-A (Norm für Hochfrequenzstecker, spezifiziert bis zu $26.5\,GHz$)
SMP	Sub-Miniature-P (Norm für Hochfrequenzstecker, spezifiziert bis $40\,GHz$)
SNR	Signal-to-Noise Ratio (Signal-Rausch-Verhältnis)
TDR	Time Domain Reflektometrie (Zeitbereichsreflektometrie)
UE46	Elliptischer Undulator 46 and der BESSY II
UHV	Ultrahochvakuum ($< 10^{-10} bar$)

Inhaltsverzeichnis

XMCD	X-Ray Magnetic Curcular Dichroism (zirkularer magnetischer Röntgendichroismus)
MRAM	Magnetic Random Access Memory

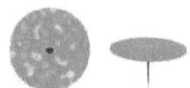

1 Einleitung

Große Fortschritte in der Präparation und Erforschung ferromagnetischer Nanostrukturen in den letzten Jahrzehnten haben zur selben Zeit ein weitreichendes Interesse sowohl in deren grundlegenden physikalischen Eigenschaften, als auch in möglichen technologischen Anwendungen gefunden. So hat sich zur Beschreibung und Vorhersage von damit verbundenen Phänomenen der Mikromagnetismus bewährt. Neben den immer größer werdenden Speicherdichten in Festplatten finden sich weitere Anwendungen solcher Elemente und Strukturen in Lese- und Schreibköpfen von Festplatten, magnetoresistiven Sensoren, sowie nichtflüchtigen Speicherbausteinen, zum Beispiel sogenannte MRAMS.

Mit einer Kombination aus einer lateralen Auflösung bis unter $20\,nm$, sowie einer zeitlichen Auflösung von wenigen $10\,ps$ hat sich in den letzten Jahren die zeitaufgelöste Röntgenmikroskopie als ein äußerst effektives Werkzeug zur experimentellen Beobachtung dynamischer mikromagnetischer Vorgänge herauskristallisiert. Der Kontrastmechanismus bei dieser Transmissionsmikroskopie beruht auf dem XMCD Effekt, welcher in einem magnetisierungsabhängigen Absorptionskoeffizienten resultiert. Auf den damit erreichbaren Längen- und Zeitskalen lassen sich die wesentlichen mikromagnetischen Vorgänge beobachten, welche dann mit theoretischen Vorhersagen verglichen werden können.

Aufgrund der auf kurzen Distanzen dominierenden Austauschwechselwirkung bilden sich bei kleinen Nanostrukturen unter wenigen $10\,nm$ Eindomänenteilchen aus. Ab einer gewissen Größe jedoch führt das langreichweitigere Streufeld unter der Minimierung der Gesamtenergie zur Ausbildung von unterschiedlich orientierten Domänen. Eine sehr primitive und gleichzeitig äußerst interessante Variante derartiger Mehrdomänensysteme ist der magnetische Vortex. Hier wird die Streufeldenergie durch eine kreisförmige Anordnung der Magnetisierung annähernd komplett vermieden. Lediglich in einem Bereich im Zentrum in der Größenordnung von $10\,nm$ zwingt die Austauschwechselwirkung die Magnetisierung aus der Ebene heraus. Dieser sogenannte Vortexkern kann entweder nach oben oder nach unten zeigen und ist in dieser Konfiguration bemerkenswert stabil gegenüber äußeren Einflüssen wie statischen Magnetfeldern.

Einen regelrechten Schub erfuhr die Vortexforschung vor ca. 5 Jahren durch die Entdeckung, dass dieser Kern dynamisch mit sehr kleinen Feldern umgeschaltet werden kann. Dies geschieht durch resonante Anregung der gyrotropen Eigenmode des Systems. Unter Ausnutzung des polarisationsabhängigen Rotationssinns dieser Mode kann der Vortexkern sogar selektiv geschaltet werden. Die beiden Polarisationszustände des Vortexkerns werden deshalb als Basis eines Speicherbits für einen schnellen magnetischen

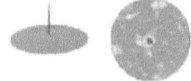

Vortex-MRAM gehandelt.

Gleichzeitig zur Entdeckung des gezielten Schaltens wurden im letzten Jahrzehnt neben der gyrotropen Mode weitere Eigenmoden des Vortexsystems untersucht. So existieren bei über einer Größenordnung höheren Frequenzen magnetostatische Spinwellen, also kollektive Präzessionsschwingungen der gesamten Struktur. Eine Untergruppe dieser Moden – spezielle azimutale Spinwellen – zeigt aufgrund ihrer Wechselwirkung mit dem Vortexkern eine Symmetriebrechung zwischen entgegengesetzt rotierenden Zuständen. Ihr Rotationssinn bei einer festen Eigenfrequenz ist deshalb – in Analogie zur Gyromode – von der Polarisation des Vortexkerns abhängig.

Ziel dieser Arbeit war es nun, durch lineare und rotierende Magnetfelder mit Frequenzen bis über $10\,GHz$ die azimutalen Spinwellen gezielt anzuregen und deren Wechselwirkung mit dem Vortexkern unter dem Röntgenmikroskop zu untersuchen. Aufgrund der ähnlichen Eigenschaften dieser Moden zur gyrotropen Mode war die Möglichkeit des ultraschnellen, selektiven Schaltens des Vortexkerns mit Hilfe dieser hochfrequenten Moden von besonderem Interesse. Hierzu wurde eine Treiberschaltung entwickelt, welche rotierende Magnetfeldbursts von bis zu $12\,GHz$ an der Probe erzeugt. Umfangreiche mikromagnetische Simulationen zur Planung und Interpretation der Experimente geben neuartige Einblicke in die Physik der nichtlinearen Vortexdynamik bei GHz-Frequenzen.

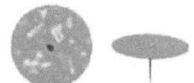

2 Grundlagen

2.1 Rasterröntgentransmissionsmikroskopie

Röntgenstrahlen eignen sich aufgrund der kleinen Wellenlänge von knapp über $1\,nm$ bei $1\,keV$ ausgezeichnet für hoch aufgelöste Abbildungen im sub-μm Bereich mit Hilfe eines zonenplattenbasierten Röntgenmikroskops. Unter zirkular polarisiertem Licht zeigen ferromagnetische $3d$ und $4f$ Elemente einen magnetisierungsabhängigen Absorptionskoeffizienten auf den $L_{2,3}$- und den $M_{4,5}$-Absorptionskanten [SWW+87, CSMM90, CIL+95], welcher als Kontrastmechanismus ausgenutzt werden kann. Durch ortsabhängige Transmissionsmessungen kann so die parallel zum Strahl gerichtete Magnetisierungskomponente visualisiert werden. In diesem Abschnitt wird die Strahlungsquelle für das benötigte hochbrilliante und zirkular polarisierte Röntgenlicht, sowie die Optik zur Fokussierung der elektromagnetischen Strahlung im Röntgenmikroskop MAXYMUS beschrieben. Schließlich wird der Röntgenzirkulardichroismus erklärt, welcher an der Ni-L_3 Kante des hier untersuchten Materials Permalloy einen Kontrast von etwa $\pm 15\%$ liefert.

2.1.1 Synchrotronstrahlung

Synchrotronstrahlung stellt zur Zeit die modernste und leistungsfähigste Röntgenquelle dar, was auf der sehr hohen Brillanz, dem weiten Energiebereich, der Kohärenz und der einzigartigen Polarisierbarkeit beruht. Eine typische Synchrotronstrahlungsquelle ist in Abbildung 2.1 am Beispiel von BESSY II in Berlin gezeigt [Jae92]. Hier werden die Elektronen zunächst mit Hilfe einer Elektronenkanone in ein Mikrotron emittiert. Mit Hilfe eines Synchrotrons werden die Elektronen anschließend auf annähernd Lichtgeschwindigkeit beschleunigt, bevor sie in den Speicherring mit einem Umfang von 240 m injiziert werden. Ablenkmagnete halten hier die Kreisbahn der Elektronen stabil, während Krümmungsmagnete und Undulatoren für eine tangential abgestrahlte Röntgenstrahlung in Richtung Nutzerexperimente sorgen. Im sogenannten Multibunch Mode sind die Elektronen im Speicherring in Paketen der Breite $30\,ps$ und mit einem Abstand von $2\,ns$ organisiert. Eine Lebensdauer von ca. $10\,h$ erfordert hier 3 Injektionen pro Tag.

Im Normalbetrieb, dem sogenannten Multibunch Mode, sind ca. 350 der 400 Pakete im Speicherring gleichmäßig mit Elektronen gefüllt. Eines der Pakete, der sogenannte Camshaft, weist deutlich mehr Elektronen und damit Intensität auf. 50 zum Camshaft benachbarte Pakete sind andererseits leer.

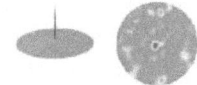

2.1 Rasterröntgentransmissionsmikroskopie

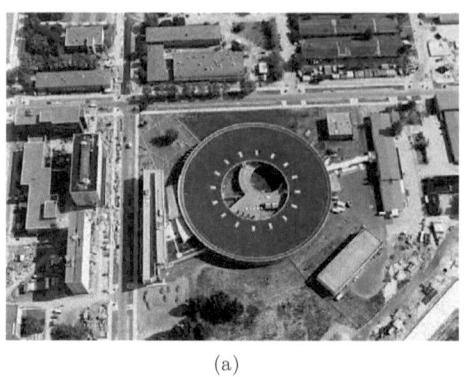
(a)

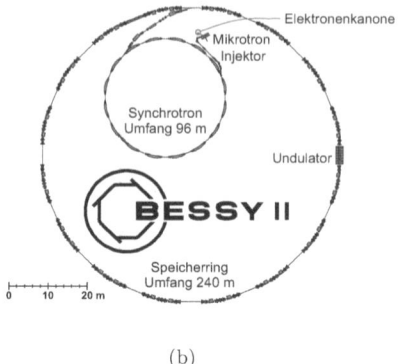
(b)

Abb. 2.1: Synchrotron BESSY II am Helmholtzzentrum Berlin *(a) Ansicht von oben. (b) schematische Darstellung des Speicherrings, sowie des Synchrotrons und des Mikrotrons. Quelle: http://www.helmholtz-berlin.de*

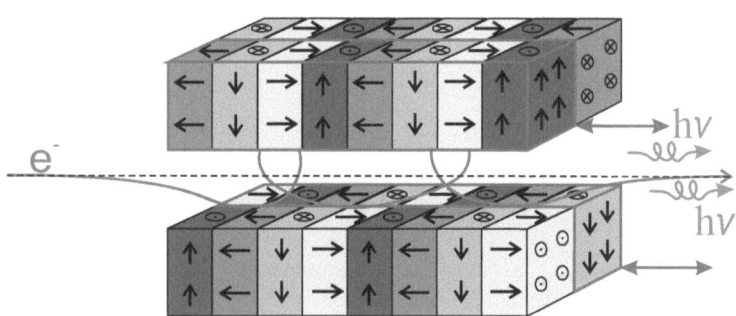

Abb. 2.2: Undulator. *Schematischer Aufbau der Magnetfeldkonfiguration eines Undulators zur Herstellung von zirkularer Röntgenstrahlung. Durch die spezielle Anordnung werden die Elektronen auf Spiralbahnen gezwungen und emittieren entsprechend zirkular polarisierte Photonen. Zur Umkehr der Zirkularität werden zwei der vier Blöcke entsprechend den grünen Pfeilen verschoben.*

2.1 Rasterröntgentransmissionsmikroskopie

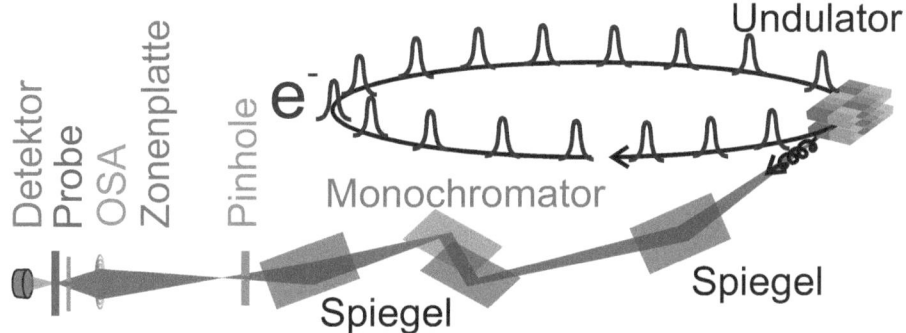

Abb. 2.3: Optische Komponenten des Strahlrohrs von MAXYMUS. *Das durch einen Undulator vom Typ Apple II emittierte Licht wird über einen Monochromator und verschiedene Umlenkspiegel zur Bündelung des Strahls durch ein Pinhole zur Mikroskopkammer geführt.*

Der schematische Aufbau des Undulators UE46 [ERM+01] zur Erzeugung von monochromatischem, zirkularem Röntgenlicht ist in Abbildung 2.2 gezeigt. Durch gegenseitiges Verschieben der annähernd $4\,m$ langen Magnetblöcke aus NdFeB Magneten hoher Remanenz erzielt man wahlweise links-, rechts-, oder linear polarisiertes Licht mit einer Energie von $0.2 - 2\,keV$ [ERM+01]. Zirkulares Licht wird durch spiralförmige Magnetfelder und damit spiralförmige Trajektorien der Elektronen erzeugt. Die Addition der $N \approx 100$ Beiträge aller Umlenkperioden, sowie die Ausrichtung durch konstruktive Interferenz in tangentialer Richtung bewirkt eine Brillianz, welche um den Faktor N^2 über der eines herkömmlichen Umlenkmagneten liegt [SS06]. Nach der Undulatorgleichung ist die Energie der Strahlung proportional zu $(1/C^2 + B^2)$. C ist eine Konstante, welche im Wesentlichen durch die inversen Abstände der periodischen Strukturen bestimmt ist. B ist die wirkende Magnetfeldstärke. Folglich kann die Energie der Photonen durch Änderung des Magnetfeldes im Undulator, also durch Variation der Magnetabstände entsprechend dem Bedarf angepasst werden.

Der weitere Strahlengang des erzeugten Röntgenlichts ist auf Abbildung 2.3 gezeigt. Über einen Kollimator wird die Strahlung auf einen planaren Strahlaufweiter gelenkt. Damit kann mit Hilfe des Plangittermonochromators (PGM) [FS97] die Energie mit einer Auflösung von typischerweise $E/\Delta E \approx 5000$ eingestellt werden. Ein weiterer Kollimatorspiegel dient auch als Lichtweiche zwischen zwei benachbarten Messplätzen. Der Strahl führt schließlich über ein Pinhole auf die Zonenplatte, deren Fokuspunkt auf die Probenebene gestellt wird.

2.1 Rasterröntgentransmissionsmikroskopie

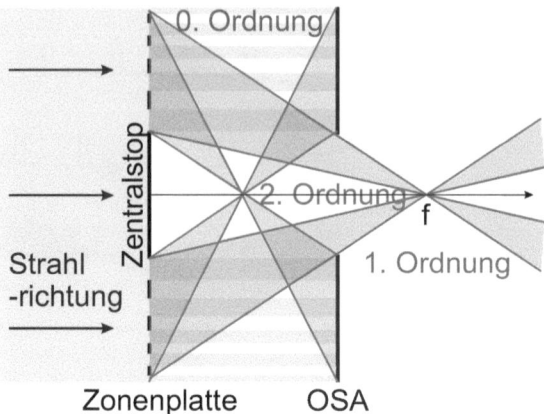

Abb. 2.4: Schematische Zeichnung einer Zonenplatte mit OSA zur Extraktion der 1. Beugungsordnung. *Die durchlässigen Bereiche der Zonenplatte entsprechen den Beugungsringen einer Punktquelle im Fokuspunkt. Dieser hängt von der Wellenlänge des Lichts ab. Mit Hilfe der OSA wird eine Beugungsordnung herausgefiltert.*

2.1.2 Zonenplatte

Röntgenstrahlen lassen sich nicht ausreichend durch herkömmliche Linsen fokussieren, da der Brechungsindex im Bereich von $1 \pm 1 \cdot 10^{-6}$ liegt. Dies wird erst mit der Verwendung von Fresnelschen Zonenplatten möglich [VKC+88], deren zugrunde liegendes Prinzip schematisch auf Abbildung 2.4 gezeigt ist. Es beruht auf der konstruktiven Überlagerung aller Beugungsringe des durchlässigen Bereichs im Fokuspunkt. Für den Abstand von einem Ring zum nächsten bei der Brennweite f gilt nun, dass die optische Weglänge genau ein Vielfaches von λ sein muss. Je nach Weglängenunterschied erhält man so mehrere Beugungsmaxima. Nimmt man für das parallel einfallende Licht die Gegenstandsweite als ∞ an, so gilt für die Radien r_n aus abwechselnd transparenten und nichttransparenten Ringen:

$$r_n = \sqrt{n\lambda f + \left(n\frac{\lambda}{2}\right)^2} \qquad (2.1)$$

Ringe mit geradzahligem n sind hier transparent, während Ringe mit ungeradem n einer destruktiven Überlagerung entsprechen und deshalb undurchlässig sein müssen. Das stärkste nutzbare Maximum liegt bei der 1. Beugungsordnung. Deshalb wird die nullte Ordnung durch den Zentralstopp abgeschirmt. Alle Ordnungen größer als 1 werden durch eine sogenannte Order Separating Aperture (OSA), ein Loch in einem passenden

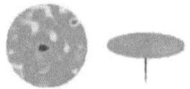

Abstand zur Zonenplatte, ausgeblendet. Die Rayleigh-Auflösung einer Zonenplatte ist durch die Breite $\Delta r' = r_{n'} - r_{n'-1}$ des äußersten Ring mit dem Index n' beschränkt. Für die betrachtete Beugungsordnung m gilt dann [VKC+88, KJH95]:

$$\delta_{Ray} = 1.22 \cdot \Delta r'/m \tag{2.2}$$

Die maximale Auflösung δ_{Ray} liegt zur Zeit deutlich unter $20\,nm$ und wird im Wesentlichen durch die verwendeten Präparationsverfahren limitiert.

2.1.3 MAXYMUS

Abb. 2.5: MAXYMUS. *UHV-Kammer des Röntgenmikroskops. In der Mitte ist die Probenaufhängung sichtbar, welche mit Hilfe von Stellmotoren und Piezoelementen gerastert werden kann. Quelle: [Wei12]*

Eine Variante der Röntgenmikroskopie ist das Rasterröntgenmikroskop [GEH07, KR85, KJH95]. Weltweit existieren zur Zeit 7 derartige Geräte an Synchrotronlaboratorien. Die experimentellen Ergebnisse in dieser Arbeit wurden fast ausschließlich am neuen Raster-Röntgen-Transmissionsmikroskop, MAXYMUS ([FSWF10] - **MA**gnetic **X**-ra**Y** Micro- and **UHV S**pectroskope), an der BESSY II in Berlin gewonnen[1]. Die UHV-Kammer dieses Mikroskops ist auf Abbildung 2.5 gezeigt. Im Rahmen dieser Arbeit wurde wesentlich zur Optimierung dieses Mikroskops hinsichtlich der Untersuchung von schnellen Magnetisierungsvorgängen im GHz Bereich beigetragen (siehe auch Abschnitt 3.1), was es aktuell zur weltweit besten Experimentiereinrichtung dieser Art macht.

Das Funktionsprinzip ähnelt im Grunde herkömmlichen Lichtmikroskopen mit den beiden Unterschieden, dass anstelle von sichtbarem Licht höherenergetisches Röntgenlicht verwendet wird und davon die transmittierte Komponente betrachtet wird. Der Vorteil von Transmissionsmessungen liegt in der Möglichkeit, auch massive Materialien über ihre komplette Dicke integral untersuchen zu können – im Gegensatz zu elektronengestützten Verfahren, welche lediglich Oberflächeneffekte abbilden. Bei der hier verwendeten Rastermethode wird monochromates und kohärentes Licht durch eine Fresnel-Linse auf einen Punkt auf der Probenebene fokussiert, durch welchen die Probe in senkrechter Richtung zum Strahl Punkt für Punkt durchgerastert wird[2]. Ein dahinter positionierter Detektor misst gleichzeitig die ortsabhängige Transmission, welche mit Hilfe eines Messprogramms zu einem Kontrastbild zusammengeführt wird.

2.1.4 XMCD Effekt

Wechselwirkung von Licht mit Materie

Zum Verständnis des magnetischen Kontrastmechanismus der Transmission betrachtet man die Übergangswahrscheinlichkeit Γ_{ae} eines Elektrons von einem Ausgangszustand $|a\rangle$ in einen Endzustand $|e\rangle$ unter Absorption eines Photons der Frequenz ω. Diese ist durch den Wechselwirkungsoperator $\mathcal{H}^{int}$ eines Elektrons in einem elektromagnetischen Potential bestimmt. In einer Dipolnäherung der zeitaufgelösten Störungstheorie [Dir27] lautet das Übergangsmatrixelement wie folgt:

$$\mathcal{M} = \langle e| \mathcal{H}^{int} |a\rangle \sim \langle e| \vec{\epsilon} \cdot \vec{p} |a\rangle \qquad (2.3)$$

Dabei ist $\vec{\epsilon}$ der Polarisationsvektor des Photons und $\vec{p}$ der Impulsoperator des Elektrons. Bei Darstellung der Zustände $|e\rangle$ und $|a\rangle$ als Anregungszustände des Atoms $|R_{n,l}, l, m_l, s, m_s\rangle$ lassen sich aus 2.3 Auswahlregeln für den Dipolübergang bestimmen: Die Änderung der Drehimpulsquantenzahl entspricht dem Gesamtspin eines Photons von $\hbar$. Damit gilt: $\Delta l = \pm 1$. Abhängig von der Polarisation des Photons ändert sich die

---
[1]Vor der Inbetriebnahme dieses Mikroskops wurden erste Messungen auch an der ALS in Berkeley, Californien am Röntgenmikroskop des Strahlrohrs 1102 durchgeführt.

[2]Für relativ kleine Bilder kann auch alternativ der Fokuspunkt mit Hilfe der Zonenplatte durchgerastert werden, was Vorteile bezüglich der Schwingungen und der Aufnahmegeschwindigkeit mit sich bringt.

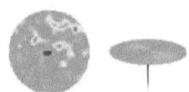

magnetische Quantenzahl um $\Delta m = 0$ für lineares Licht und um $\Delta m = \pm 1$ für zirkular polarisierte Photonen. Da der Spin eines Elektrons nur halb so groß ist wie der eines Photons, bleibt dieser unverändert: $\Delta s = \Delta m_s = 0$.

Um eine Übergangswahrscheinlichkeit zu erhalten, wird das Übergangsmatrixelement $\mathcal{M}$ nun in Fermis goldene Regel [Dir27] eingesetzt:

$$\Gamma_{ae} = \frac{\pi}{2\hbar} \left[\underbrace{\delta(E_e - E_a - \hbar\omega)}_{Absorption} + \underbrace{\delta(E_e - E_a + \hbar\omega)}_{Emission} \right] |\langle e| \mathcal{H}_{int} |a\rangle|^2 \qquad (2.4)$$

Daraus ergibt sich eine weitere Bedingung für die zu absorbierenden Photonen: Aus dem Energieerhaltungssatz folgt, dass die Differenz aus Ausgangs- und Endenergie genau der Energie des absorbierten Photons entspricht: $E_e - E_a = \hbar\omega$.

Magnetischer Dichroismus weicher zirkularer Röntgenstrahlen

Im Jahr 1985 gelang Schütz et al. der experimentelle Nachweis eines magnetisierungsabhängigen Dichroismus an der K-Kante von Eisen [SWW+87]. Dieser Effekt wurde in den darauffolgenden Jahren an nahezu allen ferromagnetischen Übergangselementen an den L-Kanten nachgewiesen. Mit Hilfe von Summenregeln bezüglich der Flächen unter den Absorptionsspektren lässt sich dabei die Wirkung von Spin- und Bahnmomenten unterscheiden [GEH07].

Der im Rahmen dieser Arbeit ausgenutzte Effekt beruht größtenteils auf dem Spinmagnetismus der d-Leitungselektronen [Sto95] und kann durch das Modell der spinpolarisierten Bänder qualitativ beschrieben werden [Sto39, Woh49]. Die in einem Vielteilchensystem auftretenden Energiebänder stellen demnach keine diskreten Energiezustände mehr dar, sondern äußern sich in einer quasikontinuierlichen Zustandsverteilung, deren Dichte $\rho(E_e)$ über die Energie variiert. Die Übergangswahrscheinlichkeit aus Gleichung 2.4 wird entsprechend zu einer Wahrscheinlichkeitsdichte, wenn man sie mit der Zustandsdichte bei der Endzustandsenergie multipliziert. Die Absorptionswahrscheinlichkeit erhält man schließlich durch Integration über die Endzustände:

$$\Gamma_{ae,ges} = \int dE_e \Gamma_{ae} \rho(E_e) \qquad (2.5)$$

Aufgrund der Spin-Bahn Kopplung wird die Entartung der beiden 2-p-Zustände $2p_{1/2}$ und $2p_{3/2}$ aufgehoben, was sich in den beiden Absorptionskanten L_2 und L_3 im Energiespektrum äußert. Ein starker XMCD Effekt wird bei den ferromagnetischen Metallen durch den Übergang vom Zustand 2-p auf das d-Valenzband oberhalb der Fermienergie E_F beobachtet. Der Bahndrehimpuls orientiert sich mit den Spins und trägt zum Absolutwert der Absorption bei. An der L_3-Kante führt dies zu einer Verstärkung des Effekts, während er an der L_2-Kante abgeschwächt wird. Erstere wird deshalb für die Kontrastmessungen bevorzugt.

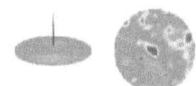

2.1 Rasterröntgentransmissionsmikroskopie

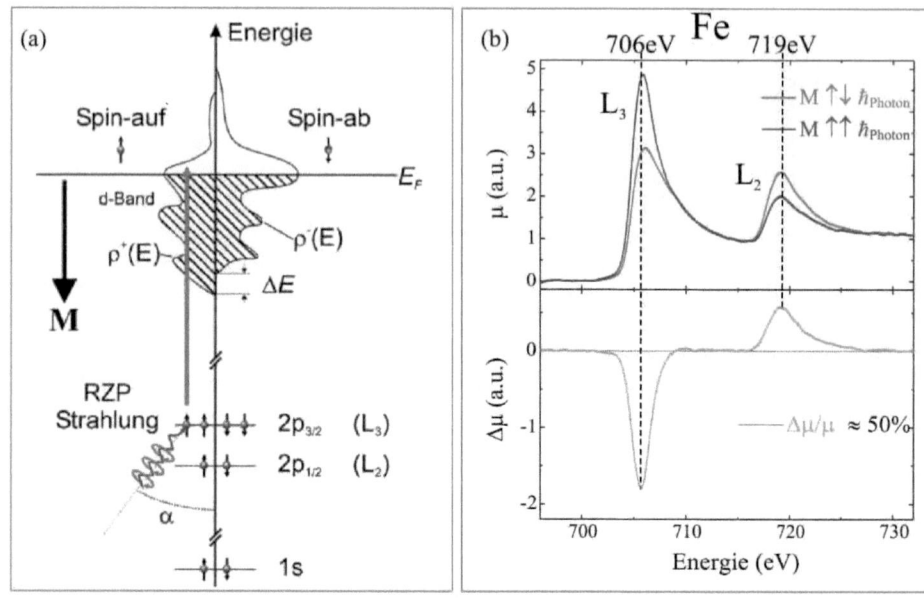

Abb. 2.6: XMCD Effekt: *(a): Skizzierung der Energieaufspaltung der Leitungselektronen nach dem Stoner Modell. Nach Gleichung 2.5 hängt die Absorptionswahrscheinlichkeit von der Zustandsdichte $\rho^{\pm}$ auf der Fermienergie ab. (b): XMCD Absorptionsspektren (oben) und deren Differenz (unten) für Nickel. (Quelle: [Fis99])*

Das nach Stoner benannte Modell sieht weiter vor, dass aufgrund der Austauschwechselwirkung eine Energieverschiebung des d-Bandes abhängig von der Spinorientierung eintritt [Sto39, Woh49]. Der damit verbundene Anstieg der kinetischen Energie wird durch die Minimierung der Austauschenergie überkompensiert. Eine Bedingung hierfür ist das Stoner-Kriterium für die Austauschkonstante J und die Zustandsdichte auf der Fermienergie: $J\rho(E_F) > 1$. Die Zustände sind bis zur Fermienergie E_F besetzt, woraus ein Majoritätsband für Spin auf und ein Minoritätsband für Spin ab folgt. Folglich ist auch die Zustandsdichte $\rho(E_e)$ der freien Zustände oberhalb von E_F für das Majoritätsband kleiner (siehe Abbildung 2.6). Da die Dichte der Endzustände von der Orientierung der Spins abhängt, ist auch die Absorptionswahrscheinlichkeit abhängig von der relativen Orientierung zwischen den Elektronenspins und der Helizität des Röntgenlichtes.

Aus der Übergangswahrscheinlichkeit $\Gamma_{ae,ges}$ lässt sich direkt ein Wirkungsquerschnitt σ berechnen. In einem massiven Material der Dichte ρ von Spinsystemen der Dicke x

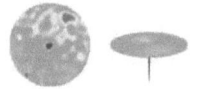

2.2 Magnetismus

gilt dann für die Transmission:

$$I(x) = I_0 e^{-\rho\sigma x} = I_0 e^{-\mu x} \qquad (2.6)$$

Der Absorptionskoeffizient $\mu = \sigma\rho$ hängt dabei vom durchstrahlten Material X, der Photonenenergie $\hbar\omega$, sowie von der Orientierung der lokalen Magnetisierung $\vec{m}$ des Materials ab:

$$\mu = \mu_0(X, \hbar\omega) + \mu_c(\vec{m} \cdot \vec{e}_k) \qquad (2.7)$$

Mit dem Brechungsindex n hängt μ wie folgt zusammen: $\mu = 2\Im n(\omega) k_0$. Dabei ist k_0 der aufs Vakuum bezogene Wellenvektor. Das in dieser Arbeit ausschließlich beobachtete Materialsystem ist Permalloy (Py - $Ni_{81}Fe_{19}$). Es wird der gute XMCD-Kontrast von ca. 30 % auf der Nickel L_3-Kante bei ca. $852\,eV$ ausgenutzt. Für Nickel gilt somit: $\mu_c(\vec{m} \cdot \vec{e}_k) \approx -0.15\mu_0.. + 0.15\mu_0$ (siehe auch Abschnitt 3.1.4).

2.2 Magnetismus

Der folgende Abschnitt beschäftigt sich mit den wesentlichen Grundlagen zur ferromagnetischen Magnetisierungsdynamik. Tiefere und grundlegendere Einblicke in die (mikro-) magnetische Theorie können zum Beispiel in [HS98] oder [SP09] gefunden werden. Zunächst werden die relevanten mikromagnetischen Energieterme besprochen, welche sowohl für statische Zustände, als auch für die Spindynamik verantwortlich sind. Im Anschluss wird die Dynamik der Spinwellen mit Hilfe der mikromagnetischen Gleichungen diskutiert.

2.2.1 Magnetostatik

Die freie Energie ist von der absoluten und relativen Orientierung der Magnetisierung $\vec{M}$ abhängig. Der Betrag von $\vec{M}$ wird als konstant angenommen und wird Sättigungsmagnetisierung M_s genannt. Für Py wird in dieser Arbeit ein $M_s = 750 \cdot 10^3\,A/m$ angenommen [CVV+08, WVV+09]. Man unterscheidet prinzipiell lokale Energiebeiträge wie die Zeemann- Austausch- und Anisotropieenergie, sowie globale Energieterme wie die Streufeldenergie. Stabile Zustände können hiermit prinzipiell durch einen Variationsansatz der freien Energie bestimmt werden. Allerdings macht der nichtlokale Beitrag der Streufeldenergie ein analytisches Lösen realistischer mikromagnetischer Probleme unmöglich.

Austauschenergie

Der Ursprung der Austauschenergie liegt in dem quantenmechanischen Prinzip, dass zwei Fermionen nicht im selben Zustand des Spin- und Ortsraums sein können. Dieses sogenannte Pauli-Prinzip koppelt den Spinzustand eines Elektronensystems direkt

2.2 Magnetismus

an den Ortszustand. Letzterer wiederum entscheidet über die elektrostatische Energie des Elektronensystems. Indirekt kann also den Zuständen im Spinraum eine Energie zugeordnet werden, welche von der relativen Orientierung benachbarter Spins abhängt. Der Energieunterschied zwischen dem resultierenden Singulett- und Triplett- Zustand wird deshalb auch Austauschkonstante J genannt. Damit wird der Heisenbergoperator motiviert:

$$\hat{\mathcal{H}}_{Heisenberg} = -2 \sum_{i<j} J_{ij} \vec{S}_i \cdot \vec{S}_j \qquad (2.8)$$

$\vec{S}$ sind hier die Vektoren der lokalen Spinsysteme. Aufgrund der Kurzreichweitigkeit dieser Wechselwirkung genügt meist eine Summation des i-ten Elements über die nächsten Nachbarn. Die quantenmechanische Austauschenergie ist deshalb eine lokale Energie. Im Übergang zum Kontinuum kann sie mit Hilfe einer Taylorentwicklung aus den Gradienten der Magnetisierungskomponente bestimmt werden:

$$\mathcal{E}_{ex} = A \int dV \, (\nabla \vec{m}) \cdot (\nabla \vec{m}) \qquad (2.9)$$

$A = JS^2 z/a$ ist dabei die materialabhängige Austauschkonstante mit a als Gitterabstand und z als Anzahl Spinsysteme pro Einheitszelle.

Anisotropieenergie

Anisotrope Eigenschaften eines magnetischen Körpers führen zu einem Energiebeitrag, welcher von der Richtung der Magnetisierung abhängt. Eine spezielle Form - die Kristallanisotropie - rührt von der anisotropen Kristallstruktur des betrachteten Materials her. Aufgrund der Orientierung der Orbitale zu benachbarten Ionen, sowie zu den Hauptachsen des Kristalls kommt es über die Spin-Bahn Kopplung zu einem Energiebeitrag. Dieser Beitrag äußert sich in einer Vorzugsrichtung, welche auch im feldfreien Raum bestehen bleibt. Die parallel zu dieser Richtung liegende Achse wird als *leichte Achse* bezeichnet.

Liegt eine axiale Symmetrie mit nur einem Extremum vor, so spricht man von uniaxialer Anisotropie. Durch Reihenentwicklung kann phänomenologisch ein Energieterm für diese Form der Energie ermittelt werden. Aus Symmetriegründen (die Richtungsinversion ändert die Energie nicht) verschwinden dabei die ungeraden Funktionen:

$$\mathcal{E}_a = \int dV \left(K_0 + K_1 \sin^2 \Theta + K_2 \sin^4 \Theta + ... \right) \qquad (2.10)$$

Θ beschreibt den Winkel zwischen der leichten Achse und der Magnetisierung. K_ν sind die Konstanten der Anisotopie ν-ter Ordnung. Da der führende Term unabhängig von der Magnetisierung ist, entscheidet in erster Näherung K_1 über das Energieverhalten. Die Symmetrieachse ist leicht (schwer) für $K_1 > 1$ ($K_1 < 1$). Eine solche Anisotropie

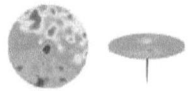

lässt sich auch bei sonst symmetrischen Kristallen durch elastische Verformung erzeugen (Magnetostriktion).

Diese Kristallanisotropie ist für das hier verwendete extrem weichmagnetische Material Py sehr klein und kann im Allgemeinen vernachlässigt werden.

Zeemannenergie

Die Energie eines magnetischen Moments $\vec{\mu}$ in einem äußeren Magnetfeld $\vec{H}$ ist durch deren relative Orientierung gegeben. Mit dem Übergang ins Kontinuum kann die Zeemannenergie durch das Integral des Skalarprodukts der Magnetisierung mit dem äußeren Feld über ein endliches Volumen bestimmt werden:

$$\mathcal{E}_Z := -\mu_0 M_s \int dV \vec{H}_{ext} \cdot \vec{m} \tag{2.11}$$

Streufeldenergie

Die lokale magnetische Feldstärke $\vec{H}$ besteht neben dem externen Feld $\vec{H}_{ext}$ aus dem Streufeldanteil der Magnetisierung $\vec{H}_d$. Der Energieanteil des Streufeldes ist demnach eine Selbstenergie, welche durch gegenseitige Wechselwirkung der magnetischen Momente hervorgerufen wird:

$$\mathcal{E}_d = -\frac{\mu_0}{2} M_s \int dV \vec{H}_s \cdot \vec{m} \tag{2.12}$$

Das Streufeld $\vec{H}_s$ muss aus der Magnetisierungskonfiguration bestimmt werden, was im Folgenden mit Hilfe eines Skalarpotentials erfolgt. Dafür muss von einem Isolator ohne Ströme ausgegangen werden. Aus der Quellenfreiheit der magnetischen Induktion folgt dann: $\nabla \cdot \vec{B} = \mu_0 \nabla \left(\vec{H} + \vec{M} \right) = 0$. Entsprechend stellen die Quellen der Magnetisierung Senken des Streufeldes dar.

$$\nabla \cdot \vec{H}_s = -\nabla \cdot \vec{M} \tag{2.13}$$

Mithilfe der magnetostatischen Näherung ($\nabla \times \vec{H}_s = 0$) lässt sich ein Potential ϕ_s einführen: $\nabla \phi_s = -\vec{H}_s$. Die daraus folgende Poissongleichung lässt sich analog zu [Jac06] lösen.

$$\phi_s = \frac{M_s}{4\pi} \left(\int dV' \frac{-\nabla \cdot \vec{m}(\vec{r}')}{\|\vec{r} - \vec{r}'\|} + \int d\vec{S}' \cdot \frac{\vec{m}(\vec{r}')}{\|\vec{r} - \vec{r}'\|} \right) \tag{2.14}$$

Mit trivialen Umformungen kann die Streufeldenergie 2.12 wie folgt berechnet werden:

$$\mathcal{E}_d = \mu_0 M_s \left(-\int dV \nabla \vec{m} \phi_s + \int d\vec{S} \cdot \vec{m} \phi_s \right) \tag{2.15}$$

Da bei homogener Magnetisierung eines Körpers das Streufeld entgegen dem äußeren Magnetfeld wirkt, spricht man auch von einem Entmagnetisierungsfeld.

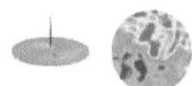

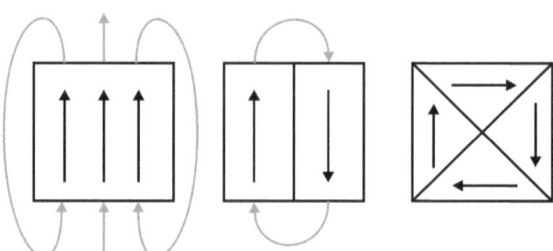

Abb. 2.7: Veranschaulichung der Energieminimierung durch Verringerung des Streufeldes unter Zunahme der Domänenanzahl. *Im rechten Fall handelt es sich um eine Landaustruktur mit 90° Domänwänden und einem Vortexkern in der Mitte.*

Der Spezialfall einer homogen magnetisierten, unendlich ausgedehnten Schicht kann gelöst werden. In diesem Fall verschwindet das Volumenintegral in Gleichung 2.14 und man erhält:

$$\mathcal{E}_d = -\int dV K_d \qquad K_d = \frac{\mu_0}{2} M_s^2 \qquad (2.16)$$

In Anlehnung an die Anisotropiekonstante K_1 wird K_d auch Energiekonstante des Demagnetisierungsfeldes genannt und man spricht von einer Formanisotropie. Das Verhältnis zwischen diesen Konstanten wird als Weichheitsparameter bezeichnet: $Q := K_1/K_d$. Für $Q \ll 1$ dominiert die Streufeldenergie und man spricht von einem weichmagnetischen Material, was für das verwendete Probensystem der Fall ist. Für hartmagnetische Materialien gilt $Q \gg 1$. Sie weisen eine große Remanenz auf.

Magnetische Domänen

Ein physikalisches System ist im Zustand minimaler Energie stabil. Unter Vernachlässigung der Austauschwechselwirkung würden sich benachbarte Spins deshalb immer antiparallel einstellen und damit ihre Streufelder kompensieren. Die Vorzugsrichtung wäre dabei durch die leichte Achse der Kristallanisotropie gegeben. Die bei kurzen Distanzen dominierende quantenmechanische Austauschwechselwirkung bewirkt allerdings eine Parallelisierung benachbarter Spinsysteme, also einer Glättung mit charakteristischer Länge. Dominiert die Kristallanisotropie, ist diese durch die Austauschlänge der Kristallanisotropie gegeben mit

$$l_{an} = \sqrt{A/K_1} \qquad (2.17)$$

Dominiert die Streufeldenergie gilt analog:

$$l_d = \sqrt{A/K_d} \qquad (2.18)$$

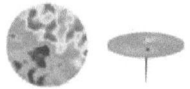

2.2 Magnetismus

mit der Energiekonstanten des Entmagnetisierungsfeldes K_d. Typische Größen für das hier verwendete Py sind $l_{an} = 161.2\,nm$, bzw. $l_d = 5.6\,nm$ (siehe auch Tabelle 3.1).

Als Folge dieser Energiebeiträge bilden sich magnetische Domänen paralleler Magnetisierung aus, deren Gesamtstreufeld aufgrund der langreichweitigen Streufeldwechselwirkung durch die Variation ihrer relativen Orientierungen minimiert wird (siehe Abbildung 2.7). Die typischen Größen der einzelnen Domänen werden durch die Materialparameter, sowie die Geometrie des betrachteten Körpers bestimmt.

Die Austauschenergie sorgt dabei für einen kontinuierlichen Übergang zwischen den verschiedenen Domänen. Abhängig davon, ob sich die Magnetisierung beim Übergang innerhalb der Ebene, oder aus der Ebene herausdreht, spricht man von einer Néelwand oder Blochwand. Eine Variationsrechnung unter Berücksichtigung der beitragenden Austausch-, Anisotropie- und Streufeldenergien führt auf die typischen Wanddicken der Domänen. Die charakteristischen Längen l_N für die Néelwand und l_B für die Blochwand sind wie folgt:

$$l_B = \pi l_{an} \qquad l_N = \pi l_d \qquad (2.19)$$

Legt man ein äußeres Feld an einem Mehrdomänensystem an, werden die relativen Domänenwandgrößen derart beeinflussen, dass parallele Domänen vergrößert und antiparallele Domänen verkleinert werden.

2.2.2 Magnetodynamik

Zur analytischen und numerischen Beschreibung des Mikromagnetismus hat sich die Landau-Lifschitz-Gleichung als passendes Werkzeug herauskristallisiert. Hier geht man weg von der diskreten Beschreibung des Heisenbergoperators hin zu einer Kontinuumsbeschreibung der Magnetisierung. Die Gleichung beschreibt die zeitliche Entwicklung eines infinitesimalen Ausschnittes der Magnetisierung unter Einfluss eines effektiven Feldes, welches aus dem Energiefunktional folgt, sowie eines phänomenologischen Dämpfungsterms.

Landau-Lifschitz-Gilbert Gleichung

Die freie Energie eines ferromagnetischen Elements unter Einfluss eines Magnetfeldes ist durch die Summe der in Abschnitt 2.2.1 eingeführten Energieterme gegeben [Bro78]:

$$\mathcal{E}_{ges} = \mathcal{E}_{ex} + \mathcal{E}_{an} + \mathcal{E}_Z + \mathcal{E}_d =: \int dV \left[\epsilon_{ex} + \epsilon_{an} + \epsilon_Z + \epsilon_d\right] \qquad (2.20)$$

Ein stabiler Zustand wird erreicht, wenn die Funktionalableitung nach der Magnetisierung $\vec{M}$ dieses Terms verschwindet. Vergleicht man nun jeden Summanden mit dem Energieterm der Zeemannenergie 2.11, so erhält man formal durch die Ableitung der jeweiligen Integralkerne durch die Magnetisierung für jeden der Summanden ein effektives

2.2 Magnetismus

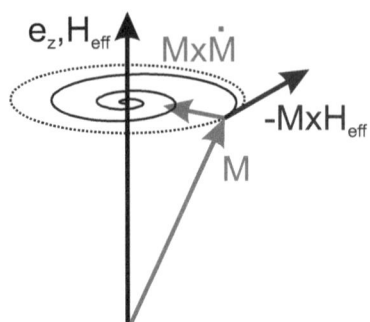

Abb. 2.8: Veranschaulichung der Beiträge in der Landau-Lifschitz-Gilbert Gleichung: *Präzessionsterm* $\sim -\vec{M} \times \vec{H}$ *und Dämpfungsterm* $\sim \vec{M} \times \partial\vec{M}/\partial\vec{t}$.

Feld:

$$\vec{H}_{eff} := \vec{H}_{ex} + \vec{H}_{an} + \vec{H}_Z + \vec{H}_d \qquad (2.21)$$

$$\vec{H}_{ex} := -\frac{1}{\mu_0} \frac{\delta \epsilon_{ex}}{\delta \vec{M}} = \lambda_{ex} \Delta \vec{M} = \vec{H}_{ex}(A) \qquad (2.22)$$

$$\vec{H}_{an} := -\frac{1}{\mu_0} \frac{\delta \epsilon_{an}}{\delta \vec{M}} = \vec{H}_{an}(K) \qquad (2.23)$$

$$\vec{H}_Z := -\frac{1}{\mu_0} \frac{\delta \epsilon_Z}{\delta \vec{M}} = \vec{H}_Z \qquad (2.24)$$

$$\vec{H}_d := -\frac{1}{\mu_0} \frac{\delta \epsilon_d}{\delta \vec{M}} = \vec{H}_s/2 \qquad (2.25)$$

Nach Gleichung 2.9 gilt dabei: $\lambda_{ex} := \frac{2A}{\mu_0 M_s^2}$. Für Py folgt nach Tabelle 3.1 ein Wert von: $\lambda_{ex} \approx 3.67 \cdot 10^{-17} m^2$. Im Gleichgewichtszustand muss dieses Feld an jedem Punkt parallel zur Magnetisierung stehen.

Bei einem nicht verschwindenden Winkel zwischen Magnetisierung und effektivem Feld kommt es zu einer Präzessionsbewegung des Magnetisierungsvektors (siehe Abbildung 2.8). Zunächst erscheint dies widersprüchlich zu der phänomenologischen Beobachtung, dass sich nach ausreichender Zeit die Magnetisierung immer entlang des effektiven Feldes ausrichtet, was auf die Übertragung der Energie auf verschiedene Spinwellenzustände und Gitterschwingungen des Kristalls zurückgeführt werden kann. Anschaulich führt die bipolare Wechselwirkung der verschiedenen Spinsysteme zu einer gegenseitigen, orientierungsabhängigen Abstoßung bzw. Anziehung. Andererseits beeinflussen die Abstände der Spinsysteme über dieselbe Wechselwirkung deren Steifheit in ihrer Ausrichtung. Schließlich spielt die Spin-Bahn Kopplung eine Rolle beim Energieübertrag. Durch Landau und Lifschitz wurde deshalb 1935 ein Dämpfungsterm eingeführt, der diese Beobachtung phänomenologisch berücksichtigt [LL35]. Der Term muss von der

2.2 Magnetismus

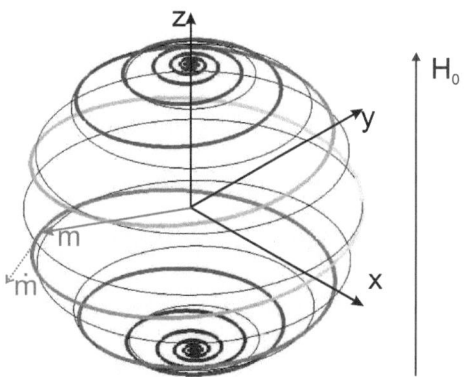

Abb. 2.9: Trajektorie der Magnetisierung beim Umschalten *auf der Einheitskugel nach Anlegen eines konstanten magnetischen Feldes in die entgegengesetzte Richtung.*

zeitlichen Änderung der Magnetisierung abhängen und seine Bewegung abschwächen.

$$\frac{d\vec{M}}{dt} = \gamma\mu_0 \left(\vec{M} \times \vec{H}_{eff}\right) + \frac{\lambda\gamma\mu_0}{M_s}\vec{M} \times \left(\vec{M} \times \vec{H}_{eff}\right) \qquad (2.26)$$

λ ist der Dämpfungsterm, welcher materialspezifisch aus den experimentellen Befunden angepasst werden muss. Für das gyromagnetische Verhältnis gilt $\gamma < 0$. Einen anderen Ansatz hat Gilbert 1955 in [TL55], bzw. [TL56] vorgeschlagen. Da es nie veröffentlicht wurde, wird es in [Gil04] nochmal beschrieben. Hier erzielt man die konservative Gleichung durch einen Lagrangeansatz. Die Dämpfung wird dann durch eine Art viskosen Term hinzugefügt. Materialspezifisch muss dann der Proportionalitätsfaktor α, welcher äquivalent zu λ ist, in der sogenannte Landau-Lifschitz-Gilbert (LLG) Gleichung angeglichen werden:

$$\frac{d\vec{M}}{dt} = \gamma\mu_0 \left(\vec{M} \times \vec{H}_{eff}\right) + \frac{\alpha}{M_s}\left(\vec{M} \times \frac{d\vec{M}}{dt}\right) \qquad (2.27)$$

Bei der Bestimmung von Lösungen der Landau-Lifschitz-Gilbert Gleichung treten zwei charakteristische Frequenzen auf. Diesbezüglich werden die folgenden Definitionen eingeführt:

$$\omega_M := -\gamma\mu_0 M_s \qquad \omega_0 := -\gamma\mu_0 H_0 \qquad (2.28)$$

eingeführt. Letzterer Term ist gleichbedeutend mit der Larmorfrequenz.

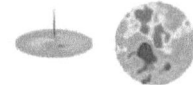

2.2 Magnetismus

Dämpfungsabhängiges Schalten unter Präzession

Im Folgenden wird die allgemeine Lösung der Landau-Lifschitz-Gilbert Gleichung für ein einzelnes Spinsystem in einem konstanten äußeren Magnetfeld bestimmt. Ohne Beschränkung der Allgemeinheit soll dazu das externe Feld in $\vec{e}_z$-Richtung zeigen, während die momentane Magnetisierung eine beliebige Richtung aufweist. Die Richtung der Präzessionsbewegung der Magnetisierung kann durch einen Vektor auf der Einheitskugel dargestellt werden. Unter Vernachlässigung der Anisotropie lautet dann die Beschreibung in Kugelkoordinaten:

$$\vec{M} = M_s \vec{e}_r \qquad (2.29)$$

$$\vec{H} = H_0 \left(\cos\Theta \vec{e}_r - \sin\Theta \vec{e}_\Theta \right) \qquad (2.30)$$

$$\dot{\vec{M}} = \dot{\Theta} M_s \vec{e}_\Theta + \dot{\phi} M_s \sin\Theta \vec{e}_\phi \qquad (2.31)$$

Diese Größen in die LLG 2.27 eingesetzt und nach den Einheitsvektoren sortiert ergibt die folgenden Beziehungen:

$$\vec{e}_\Theta : \qquad \dot{\Theta} = -\alpha \dot{\phi} \sin\Theta \qquad (2.32)$$

$$\vec{e}_\phi : \qquad \dot{\phi} = -\frac{\gamma \mu_0 H_0}{1+\alpha^2} \qquad (2.33)$$

Die Änderung der Magnetisierung 2.31 wird damit:

$$\dot{\vec{M}} = \frac{\omega_0 M_s \sin\Theta}{1+\alpha^2} \left(\vec{e}_\phi - \alpha \vec{e}_\Theta \right) \qquad (2.34)$$

Die Differentialgleichung der Winkelbeziehungen kann gelöst werden, was dann in die Beziehung für ϕ eingesetzt werden kann. Daraus erhält man:

$$\theta: \qquad \theta(t) = 2\arctan e^{-\frac{\omega_0 \alpha}{1+\alpha^2}(t-t_0)} \qquad (2.35)$$

$$\phi: \qquad \phi(t) = \frac{\omega_0}{1+\alpha^2}(t-t_1) \qquad (2.36)$$

Abbildung 2.9 zeigt schließlich die aus dieser Lösung resultierende Trajektorie der Magnetisierung, welche sich exponentiell an den Vektor des äußeren Feldes annähert.

Homogene Lösung für ein Eindomänenteilchen – Polder Suszeptibilitätstensor

In einem Mehrspinsystem ist das effektive Feld nicht mehr auf das äußere Feld beschränkt, sondern hängt von der zeitabhängigen Magnetisierungskonfiguration ab. Um hier eine Lösung der Landau-Lifschitz-Gilbert Gleichung für die Dynamik eines Eindomänenteilchens zu finden, geht man von einer Grundmagnetisierung $\vec{M}_0$ aus, welche sich nach einem äußeren Feld $\vec{H}_0$ ausrichtet. Unter Vernachlässigung der Dämpfung ($\alpha = 0$)

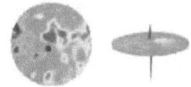

2.2 Magnetismus

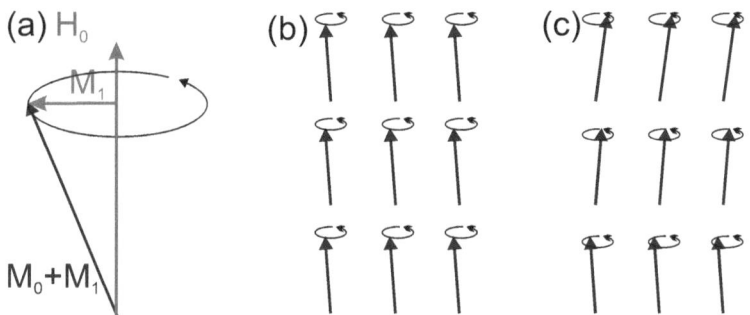

Abb. 2.10: Veranschaulichung der Präzessionsbewegung von Spinwellen. *a: Unter Vernachlässigung der Dämpfung präzediert die Magnetisierung um ein effektives Feld. b: Homogen präzedierende Welle unter Vernachlässigung des Austauschfeldes. c: Ortsabhängige Präzessionsphase unter Berücksichtigung des Austauschfeldes.*

werden nun die Felder und die Magnetisierung für ausreichend kleine Fluktuationen linearisiert:

$$\vec{M} = \vec{M}_0 + \vec{M}_1(t) \tag{2.37}$$
$$\vec{H} = \vec{H}_0 + \vec{H}_1(t) \tag{2.38}$$
$$\vec{H}_k = \vec{H}_{k0} + \vec{H}_{k1}(t) \tag{2.39}$$
$$\vec{H}_{ex} = \vec{H}_{ex0} + \vec{H}_{ex1}(t) \tag{2.40}$$

Für die Magnetisierung im stationären Fall gelte ein harmonisches Verhalten: $\vec{m}(t) \sim e^{-i\omega t}$. Aus der Substitution in die Landau-Lifschitz Gleichung 2.27 folgt daraus:

$$\frac{1}{\gamma\mu_0}\frac{d\vec{M}}{dt} = \vec{M}_0 \times \left[\vec{H}_0 + \vec{H}_{0k} + \vec{H}_{0ex}\right] + \vec{M}_0 \times \left[\vec{H}_1 + \vec{H}_{k1} + \vec{H}_{ex1}\right]$$
$$+ \vec{M}_1 \times \left[\vec{H}_0 + \vec{H}_{0k} + \vec{H}_{0ex}\right] + \vec{M}_1 \times \left[\vec{H}_1 + \vec{H}_{k1} + \vec{H}_{ex1}\right] \tag{2.41}$$

Die letzte Klammer ist von zweiter Ordnung der kleinen Fluktuationen und kann deshalb vernachlässigt werden. Im Gleichgewichtszustand ist die Summe der magnetischen Felder kollinear mit $\vec{M}_0$, weshalb auch die erste Klammer keinen Beitrag liefert.

klassischer, isotroper und dämpfungsfreier Fall Der Einfachheit halber soll zunächst ein Eindomänenzustand mit homogener Magnetisierung betrachtet werden (siehe Abbildung 2.10 b). Die homogene Magnetisierung bewirkt ein Verschwinden des Laplace-Operators in 2.22 und damit auch des letzten Terms $\sim \vec{H}_{ex}$ in den Klammern von

2.2 Magnetismus

Gleichung 2.41. Vernachlässigt man weiter das Anisotropiefeld, so entscheidet allein das Maxwellfeld über die Magnetisierung. Ohne Beschränkung der Allgemeinheit soll die Grundmagnetisierung $\vec{M}_0$ in $\vec{z}$-Richtung zeigen. Für kleine Auslenkungen sind dann die Fluktuationen in der xy-Ebene. Die verbleibenden Terme in 2.41 (jeweils der erste Summand in der zweiten und dritten Klammer) ergeben damit

$$-i\omega \vec{M}_1 = \vec{e}_z \times \left[-\omega_M \vec{H}_1 + \omega_0 \vec{M}_1 \right] \qquad (2.42)$$

Löst man nach der Fluktuation der Felder $\vec{H}_1$ auf, so folgt die Drehmomentgleichung

$$\begin{bmatrix} H_{1x} \\ H_{1y} \end{bmatrix} = \frac{1}{\omega_M} \begin{bmatrix} \omega_0 & i\omega \\ -i\omega & \omega_0 \end{bmatrix} \begin{bmatrix} M_{1x} \\ M_{1y} \end{bmatrix} \qquad (2.43)$$

Aus der Inversion dieser Gleichung (Auflösen nach $\vec{m}$) folgt der soganannte Polder Suszeptibilitätstensor $\bar{\chi}$:

$$\vec{M}_1 = \bar{\chi} \cdot \vec{H}_1 \qquad \bar{\chi} = \begin{bmatrix} \chi & -i\kappa \\ i\kappa & \chi \end{bmatrix} \qquad \begin{array}{l} \chi = \frac{\omega_0 \omega_M}{\omega_0^2 - \omega^2} \\ \kappa = \frac{\omega \omega_M}{\omega_0^2 - \omega^2} \end{array} \qquad (2.44)$$

Der Tensor hat eine Singularität bei der ferromagnetischen Resonanzfrequenz $\omega = \pm \omega_0$, was typisch für dämpfungsfreie Schwingungssysteme ist.

Berücksichtigung der Austausch- und Anisotropiefelder Der allgemeinere Fall berücksichtigt eine ortsabhängige Präzessionsphase der Spinwellen (siehe Abbildung 2.10 c). Entsprechend muss man das quantenmechanische Austauschfeld $\vec{H}_{ex}$ und das Anisotropiefeld $\vec{H}_k$ berücksichtigen. Es soll hier angenommen werden, dass $\|\vec{H}_0\| \gg \|\vec{H}_{0k}\|$. Daraus folgt annähernd, dass $\vec{M}_0 \parallel \vec{H}_0$. Weiter gelten die folgenden Definitionen: $\Omega := \omega/\omega_M$, $Z_0 := H_0/M_s$ und $Z_k := \vec{H}_{0k} \cdot \vec{e}_z / M_s$. Die Gleichgewichtspostion soll wieder in $\vec{e}_z$-Richtung zeigen. Für die verbleibenden Terme bis zur ersten Ordnung in den Fluktuationen (zweite und dritte Klammer) der linearisierten Landau-Lifschitz Gleichung 2.41 gilt dann:

$$i\Omega \vec{M}_1 = \vec{e}_z \times \left[\vec{H}_1 \lambda_{ex} \nabla^2 \vec{M}_1 + \bar{N}^a \cdot \vec{M}_1 - (Z_0 + Z_k) \vec{M}_1 \right] \qquad (2.45)$$

Analog zum oben behandelten einfacheren Fall ergibt sich auch nun eine Drehmomentgleichung, wenn man nach den Feldfluktuationen des Maxwellfeldes auflöst:

$$\vec{H}_1 = \bar{A}_{op} \cdot \vec{M}_1 \qquad (2.46)$$

$$\bar{A}_{op} = \begin{bmatrix} Z_0 + Z_k - N^a_{xx} - \lambda_{ex}\nabla^2 & i\Omega - N^a_{xy} \\ -i\Omega - N^a_{xy} & Z_0 + Z_k - N^a_{yy} - \lambda_{ex}\nabla^2 \end{bmatrix} \qquad (2.47)$$

Wegen der Laplace-Operatoren aus dem Austauschfeld kann der Tensor $\bar{A}_{op}$ diesmal jedoch nicht so einfach invertiert werden.

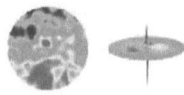

2.2 Magnetismus

Berücksichtigung der Dämpfung Vernachlässigt man wieder die effektiven Austausch- und Anisotropiefelder, so ergibt sich durch die Dämpfung die imaginäre Korrektur $\omega_0 \to \omega_0 - i\omega\alpha$ in der linearisierten Gleichung 2.42

$$-i\omega \vec{M}_1 = \vec{e}_z \times \left[-\omega_M \vec{H}_1 + (\omega_0 - i\alpha\omega)\vec{M}_1\right] \qquad (2.48)$$

und dem Polder Suszeptibilitätstensor 2.44:

$$\vec{M}_1 = \bar{\chi} \cdot \vec{H}_1 \qquad \bar{\chi} = \begin{bmatrix} \chi & -i\kappa \\ i\kappa & \chi \end{bmatrix} \qquad \begin{matrix} \chi = \frac{(\omega_0 - i\alpha\omega)\omega_M}{(\omega_0 - i\alpha\omega)^2 - \omega^2} \\ \kappa = \frac{\omega\omega_M}{(\omega_0 - i\alpha\omega)^2 - \omega^2} \end{matrix} \qquad (2.49)$$

Veranschaulicht sind die beiden Komponenten der LL, bzw. LLG Gleichung in Abbildung 2.8. Während der Präzessionsterm zu einer Rotation des magnetischen Moments um das äußere Feld führt, bewirkt der Dämpfungsterm in beiden Fällen eine Annäherung des Magnetisierungsvektors an den Vektor des äußeren Magnetfeldes. Für den Vektor der Magnetisierung folgt daraus eine Spiralbahn, welche parallel zum effektiven Feld ausgerichtet ist. Für kleine α folgt so aus der LLG 2.27 eine präzedierende Trajektorie mit exponentiellem Abfall [SP09]:

$$\begin{bmatrix} M_{1x}(t) \\ M_{1y}(t) \end{bmatrix} \approx \omega_M e^{-\alpha\omega t} \begin{bmatrix} \sin\omega_0 t \\ -\cos\omega_0 t \end{bmatrix} \qquad (2.50)$$

2.2.3 Magnetostatische Spinwellen

Im letzten Abschnitt wurde unter Annahme eines fluktuierenden Magnetfeldes unter Linearisierung der Landau-Lifschitz-Gilbert Gleichung auf die Dynamik der Magnetisierung rückgeschlossen (Polder-Suszeptibilitätstensor). Mit Hilfe der Maxwellgleichungen wird im Folgenden das aus der Dynamik resultierende effektive Feld in einer magnetostatischen Näherung bestimmt. Die gegenseitige Wechselwirkung zwischen Dipolfeld und der Magnetisierung führt zu magnetostatischen Spinwellen.

Magnetostatische Wellengleichung

Obwohl hier nur die magnetostatische Wechselwirkung berücksichtigt wird, spricht man von Spinwellen, da die Präzession der Spins für den Permeabilitätstensor verantwortlich ist. Zur Betrachtung der Wellen lassen sich die elektromagnetischen Maxwellgleichungen stark vereinfachen. Man geht von einer isotropen elektrischen Suszeptibilität aus: $\bar{\epsilon} = \epsilon$. Bei Wellenlängen, welche sehr viel größer sind als die Abstände a der Spinsysteme kann die Austauschwechselwirkung in einer magnetostatischen Näherung vernachlässigt werden. Andererseits sind die betrachteten Wellenlängen $\lambda = 2\pi/k$ klein im Vergleich zu elektromagnetischen Wellen mit der Phasengeschwindigkeit $c = 1/\sqrt{\epsilon\mu_0}$ im jeweiligen Material $\lambda_0 = 2\pi/k_0 = \omega/c$.

$$\frac{\pi^2}{a^2} \gg k^2 \gg k_0^2 = \frac{\omega^2}{\epsilon\mu_0} \qquad (2.51)$$

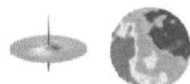

2.2 Magnetismus

Das betrachtete Material sei nichtleitend und quellenfrei, so dass der Strom $\vec{j} = 0$ und die Ladung $\rho = 0$ verschwinden. Weiter wird von homogenen und harmonischen Wellen $\sim e^{i(\vec{k}\vec{r}-\omega t)}$ ausgegangen, womit man in den Maxwellgleichungen wie folgt substituieren kann: $\nabla \to i\vec{k}$ und $\partial/\partial t \to -i\omega$. Aus dem Gaußschen Gesetz folgt damit: $\vec{k}\vec{H} = -\vec{k}\vec{M}$ und aus der Maxwellschen Flussgleichung folgt: $\vec{k}\vec{D} = \vec{k}\left(\vec{k} \times \vec{H}\right) = 0$. Schließlich erhält man aus diesen Beziehungen und mit der magnetostatischen Näherung 2.51 aus dem Faradayschen und Ampèreschen Gesetz folgende Zusammenhänge:

$$\vec{E} = \frac{\omega\mu_0 \vec{k} \times \vec{M}}{k_0^2 - k^2} \qquad \to 0 \qquad (2.52)$$

$$\vec{H} = \frac{k_0^2 \vec{M}^2 - \vec{k}\left(\vec{k}\vec{M}\right)}{k^2 - k_0^2} \qquad > 0 \qquad (2.53)$$

$$\nabla \times \vec{H} = -\frac{k_0^2 \vec{k} \times \vec{M}}{k_0^2 - k^2} \qquad \to 0 \qquad (2.54)$$

Mit diesen Angaben lassen sich die Wellengleichungen der (**bipolaren**) **magnetostatischen Spinwellen** für $k \gg k_0$ schreiben:

$$\nabla \times \vec{H} = 0 \qquad (2.55)$$
$$\nabla \vec{B} = 0 \qquad (2.56)$$
$$\nabla \times \vec{E} = i\omega \vec{B} \qquad (2.57)$$

Walkergleichung

Um zu einer Dispersionsrelation für die Gleichungen der magnetostatischen Wellen zu gelangen, wird wieder von homogenen Gleichgewichtsfeldern in z Richtung $\{\vec{H}_0, \vec{M}_0\}$ mit kleinen senkrechten Fluktuationen $\{\vec{H}_1, \vec{M}_1\}$ ausgegangen. Wegen $\nabla \times \nabla = 0$ kann für das effektive Feld $\vec{H}_1$ wieder ein magnetostatisches Skalarpotential Ψ angenommen werden: $\vec{H}_1 = -\nabla \Psi$. Mit Gleichung 2.56 und dem Polder-Suszibilitätstensor 2.49 wird aus dieser Beziehung die sogenannte **Walker-Gleichung**:

$$0 = \nabla\left(\bar{\mu}\nabla\Psi\right) = (1+\chi)\left[\frac{\partial^2 \Psi}{\partial x^2} + \frac{\partial^2 \Psi}{\partial y^2}\right] + \frac{\partial^2 \Psi}{\partial z^2} \qquad (2.58)$$

Dispersionsrelation magnetostatischer Wellen ohne Randbedingungen

Vernachlässigung des Austauschfeldes Mit der Annahme von ebenen Wellen mit einem Winkel θ zur z-Achse: $\Psi \sim \exp\left(i\vec{k}\vec{r}\right)$ folgt aus der Walker-Gleichung die Relation:

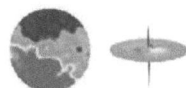

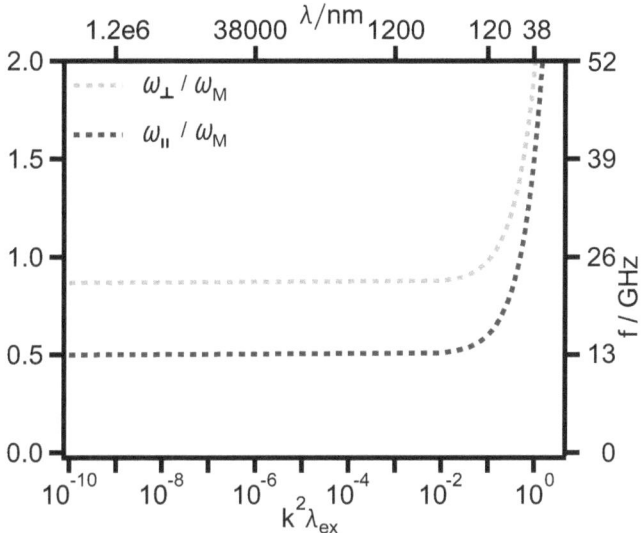

Abb. 2.11: Dispersionsrelation magnetostatischer Wellen ohne Randbedingungen. *Es wurde $\omega_0/\omega_M = 0.5$ gewählt. Die Austauschwechselwirkung hebt die Entartung der Dispersionsrelation gegenüber $\vec{k}$ für sehr große $\|\vec{k}\|$ auf. Die Wellenlänge im Vergleich zur Austauschwechselwirkung entscheidet über den Charakter (magnetostatisch oder austauschdominiert) der Spinwelle.*

$\chi \sin^2 \theta = -1$. Nach ω aufgelöst folgt die Dispersionsrelation:

$$\omega_\pm = \frac{-i\alpha(2\omega_0 + \omega_M \sin^2\theta) \pm \sqrt{4\omega_0(1+\alpha^2)(\omega_0 + \omega_M \sin^2\theta) - \omega_M^2 \alpha^2 \sin^4\theta}}{2(1+\alpha^2)} \qquad (2.59)$$

$$\xrightarrow{\alpha=0} \pm\sqrt{\omega_0\left(\omega_0 + \omega_M \sin^2\theta\right)} \qquad (2.60)$$

Während die Dispersionsrelation hier also nur sehr schwach von $\alpha \ll 1$ abhängt, fehlt die Abhängigkeit vom Betrag des Vektors $\vec{k}$ komplett. Lediglich seine Orientierung spielt eine Rolle. So werden die größten (kleinsten) Frequenzen bei einer Orientierung senkrecht (parallel) zur Magnetisierung beobachtet.

$$\omega_0 \leq \omega \leq \sqrt{\omega_0\left(\omega_0 + \omega_M\right)} \qquad (2.61)$$

Diese Beziehung ist so lange gültig, wie die Wellenlänge groß im Vergleich zur Austauschlänge ist (siehe Abbildung 2.11, linker Teil).

2.2 Magnetismus

Berücksichtigung des Austauschfeldes Um den Einfluss der Austauschwechselwirkung zu untersuchen, wird auf den Operator $\bar{A}_{op} = \bar{\chi}^{-1}$ aus 2.46 zurückgegriffen und Isotropie angenommen ($K_1 = 0$). Für eine ebene Welle ergibt sich dann:

$$\vec{H}_1 = \frac{1}{\omega_M} \begin{bmatrix} \omega_0 + \omega_M \lambda_{ex} k^2 & i\omega \\ -i\omega & \omega_0 - \omega_M \lambda_{ex} k^2 \end{bmatrix} \vec{M}_1 \qquad (2.62)$$

Die Austauschwellenlänge ist dabei durch $\lambda_{ex} = 2\mu_0 A/M_S$ gegeben. Beim Vergleich mit dem Polder Suszeptibilitätstensor ohne Austauschwechselwirkung in Gleichung 2.49 ergibt sich damit eine Korrektur der Dispersionsrelation 2.60 durch die Substitution von $\omega_0 \rightarrow \omega_0 + \omega_M \lambda_{ex} k^2$:

$$\omega = \sqrt{(\omega_0 + \omega_M \lambda_{ex} k^2)(\omega_0 + \omega_M [\lambda_{ex} k^2 + \sin^2 \theta])} \qquad (2.63)$$

Der Verlauf der Dispersionsrelation in Abhängigkeit von $k^2 \lambda_{ex}$ ist auf Abbildung 2.11 gezeigt. Damit können zwei Spinwellentypen unterschieden werden. Für $k^2 \ll \lambda_{ex}$ spricht man von dipolaren Spinwellen, während man für $k^2 \gg \lambda_{ex}$ von Austauschspinwellen spricht. Für ersteren Fall verhält es sich ähnlich wie ohne Berücksichtigung der Austauschwechselwirkung. Die relative Änderung der Amplitude von k hat nur einen geringen Einfluss auf ω_0. Im zweiten Fall der Austauschspinwellen ist es genau umgekehrt. Hier spielt die Richtung eine verhältnismäßig kleine Rolle, während sich $\omega \sim k^2$ verhält.

Dispersionsrelation magnetostatischer Wellen mit Randbedingungen

Im Folgenden wird eine unendlich ausgedehnte Schicht betrachtet, welche durch die Dicke d in z-Richtung beschränkt ist. Derartige Geometrien werden in [DE61] behandelt. Durch Fallunterscheidung kann eine vollständige Lösung mit Hilfe von drei Wellentypen (Vorwärts-Volumen, Rückwärts-Volumen und Oberflächenwelle) angegeben werden, welche auch in [PCT85] näher analysiert wird. In [Kal80] findet man des Weiteren analytische Näherungen für die entsprechenden Dispersionsrelationen. Es gelten in diesem Fall folgende Randbedingungen: Das Potential Ψ muss endlich bleiben und insbesondere über die Ränder der Schicht hinweg stetig sein. Die Wellen werden an der Grenzfläche reflektiert. Die zur Grenzfläche senkrechte Komponente der magnetischen Induktion $B_\perp$ muss ebenfalls stetig sein. Schließlich muss noch die Walker-Gleichung 2.58 für die Komponenten des Wellenvektors $\vec{k}$ erfüllt sein. Das daraus folgende Gleichungssystem für die Potentiale kann in drei verschiedene Arten der Orientierung zwischen dem äußeren Feld $\vec{H}_0$, der Symmetrieachse $\vec{e}_z$, sowie dem Wellenvektor $\vec{k}$ unterteilt und gelöst werden. Aus dem Potential können über die folgenden Beziehungen die restlichen Größen bestimmt werden:

$$\vec{H}_1 = -\nabla \Psi \qquad (2.64)$$
$$\vec{M}_1 = \bar{\chi} \vec{H}_1 \qquad (2.65)$$
$$\vec{B}_1 = \mu_0 (\vec{H}_1 + \vec{M}_1) \qquad (2.66)$$

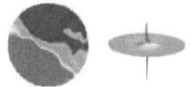

34

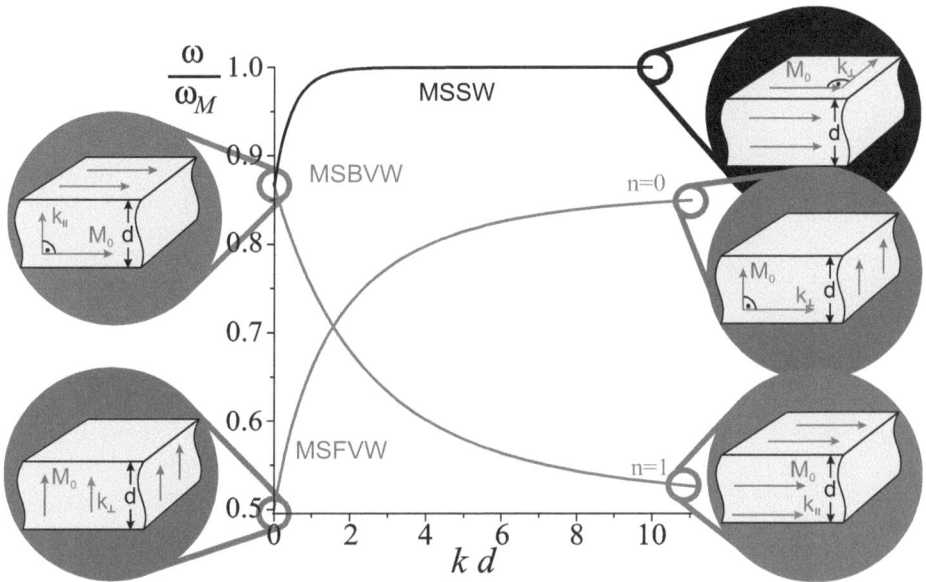

Abb. 2.12: **Dispersionsrelationen für alle Konfigurationen magnetostatischer Spinwellen in einem unendlich ausgedehnten Film.** *Es wird von $\omega_0/\omega_M = 0.5$ ausgegangen. Je nach Ausbreitungsrichtung $\vec{k}$ spricht man von Oberflächenwellen (MSSW), Rückwärtsvolumenwellen (MSBVW) oder Vorwärtsvolumenwellen (MSFVW). Die letzten beiden Wellenarten sind nur in erster Ordnung dargestellt.*

Aufgrund der charakteristischen Eigenschaften in der Ausbreitung und Verteilung der Potentiale unterscheidet man Vorwärts- von Rückwärtswellen, sowie Oberflächen- von Volumenwellen. Die Randbedingungen, sowie die Dispersionsrelationen dieser Wellen werden im Folgenden kurz erläutert und sind auf Abbildung 2.12 gezeigt.

Senkrecht magnetisierte Schicht, Vorwärtsvolumenwellen In diesem Fall zeigt das äußere Feld, sowie die Magnetisierung $\vec{M}_0$ in z-Richtung. Die Lösung für eine Scheibe wird in [R65] vorgestellt. Nach kurzer Rechnung erhält man für die senkrechte Komponente des Wellenvektors $k_\perp$ folgende Dispersionsrelation (siehe auch Abbildung 2.12):

$$k_\perp = \frac{2}{d\sqrt{-(1+\chi(\omega))}} \left[\arctan\left(\frac{1}{\sqrt{-(1+\chi(\omega))}}\right) + \frac{n\pi}{2} \right] \quad (2.67)$$

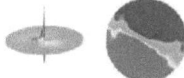

Eine sinusförmige Verteilung des Potentials über das gesamte Volumen gibt der Volumenwelle ihren Namen. Der Index n zeigt die Anzahl der Nullstellen der geraden und ungeraden Potentialfunktionen an, welche an den beiden Grenzflächen reflektiert werden. Er fließt über die Dispersionsrelation und die Walkergleichung 2.58 in die Komponenten von $\vec{k}$ und damit in die Potentialfunktion mit ein. Die Frequenz füllt offensichtlich das Spektrum aus, welches durch Gleichung 2.60 gegeben ist (wenn man die Austauschwechselwirkung berücksichtigt, so gilt hier Gleichung 2.59, bzw. das Spektrum, welches durch Abbildung 2.11 aufgespannt wird). $k_\perp$ mit relativ kleinen Frequenzen entspricht demnach Wellen, die parallel zur Magnetisierung zwischen den Grenzflächen hin- und herreflektiert werden. Große $k_\perp$ und entsprechend kleine $k_\parallel$ beschreiben Wellen mit einer Bewegungsrichtung senkrecht zur Magnetisierung, was auch in höheren Frequenzen resultiert. Jedoch breiten sich die Wellen isotrop in der Ebene aus, da die Dispersionsrelation nur von der Amplitude von $\vec{k}_\perp$ abhängt, nicht aber von der Richtung. Des Weiteren haben alle Moden dieselbe Grenzfrequenz, so dass es keine Ausschlussbedingung für eine Untermenge der Moden für einen bestimmten Frequenzbereich gibt.

Die Gruppengeschwindigkeit der Welle erhält man aus der differentiellen Ableitung von ω nach $\vec{k}$. Es folgt:

$$v_{g\perp} = \frac{\partial \omega}{\partial k_\perp} = \frac{1}{\partial k_\perp / \partial \omega} = \frac{\omega_M d (1+\chi)}{\chi \kappa \left(\frac{2}{\chi} - k_\perp d\right)} > 0 \qquad (2.68)$$

Das Ergebnis für diese Wellenart ist in Abbildung 2.13 für den Fall $\omega_0/\omega_M = 0.5$ gezeigt. Wenn die Wellenlänge im Vergleich zur Materialdicke sehr groß ist ($k_\perp d \to 0$), wird $\omega/\omega_M = 0.5$ und es gilt für die Gruppengeschwindigkeit im Fall $n = 0$:

$$v_g = \frac{\omega_M d}{4} \qquad (2.69)$$

Dieser Wert ist also lediglich von den Materialparametern: Sättigungsmagnetisierung (siehe Gleichung 2.28) M_s und von der Dicke des Materials abhängig. Weil sowohl $\chi < -1$, als auch $\kappa < 0$ gilt, ist die Gruppengeschwindigkeit immer positiv und hat dasselbe Vorzeichen wie die Phasengeschwindigkeit $v_p = \omega/k$ (siehe 2.67). Man bezeichnet diese Welle deshalb als Vorwärtswelle.

Tangential magnetisierte Schicht, $k_{\perp,inplane} = 0$, Rückwärtsvolumenwellen Für den Fall einer in der Ebene liegenden Magnetisierung wird die Rotationssymmetrie um die normal zur Schicht liegenden Achse gebrochen. Man muss deshalb zwischen den Ausbreitungskomponenten senkrecht und parallel zur in der Ebene liegenden Magnetisierung unterscheiden.

Der im Folgenden betrachtete Fall berücksichtigt die Ausbreitungsrichtung parallel zur Magnetisierung mit einer Komponente in z-Richtung (siehe auch Abbildung 2.12).

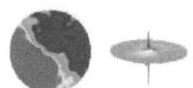

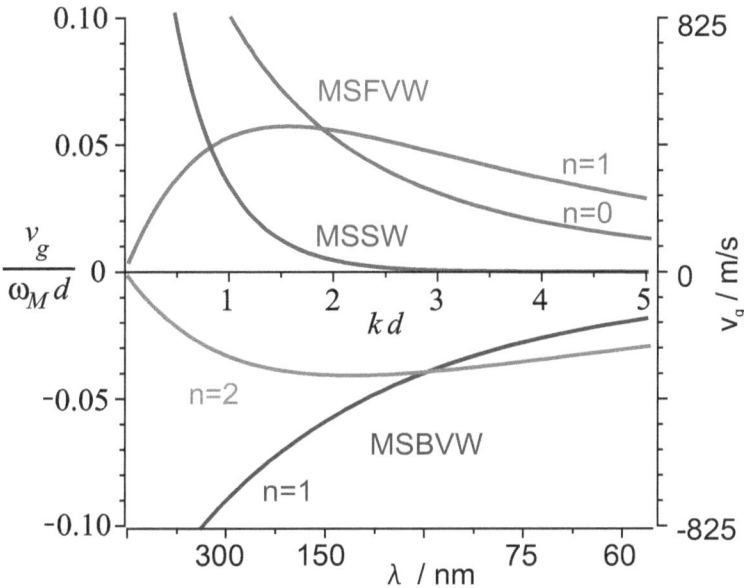

Abb. 2.13: Gruppengeschwindigkeit *für MSFVW (n=0..1), MSBVW (n=1..2) und SW aus den Dispersionsrelationen von Abbildung 2.12. Die linke und untere Achse zeigt die absoluten Werte für* $\gamma = 1.76 \cdot 10^{11} As/kg$, $\mu_0 = 12.5 \cdot 10^{-7}(kgm)/(A^2s^2)$, $M_s = 750 kA/m$, *sowie einer Dicke von 50nm.*

2.2 Magnetismus

Die Dispersionsrelation ist hier analytisch nur implizit lösbar.

$$\tan\left[\frac{k_\| d}{2\sqrt{-(1+\chi)}} - \frac{(n-1)\pi}{2}\right] = \sqrt{-(1+\chi)} \tag{2.70}$$

Die Werte für die Moden der ersten Ordnung in n sind auf Abbildung 2.12 gezeigt. Auch bei den Rückwärtsvolumenwellen gibt es demnach keine n-Abhängigkeit des Modenspektrums. Somit gibt es keinen Frequenzbereich, wo einzelne Moden ausgeschlossen sind. Im Limit $k_\| \to 0$ ist wieder der Grenzfall erreicht, dass die Welle zwischen den Rändern hin- und herreflektiert wird. In der Spinwellenmanigfaltigkeit, welche durch die Dispersionsrelation 2.63 gegeben ist, entspricht dies wegen $\Theta = \pi/2$ dem Hochfrequenzfall (siehe auch Abb. 2.11). Die niedrigste Frequenz wird entsprechend bei einer Ausbreitung parallel zum Magnetfeld erreicht. Aus der Dispersionsrelation kann wieder analog zu Gleichung 2.68 die Gruppengeschwindigkeit v_g ermittelt werden, welche für den durch Gleichung 2.61 gegebenen Bereich negativ ist (siehe auch Abbildung 2.13).

$$v_g = \frac{\omega_M d(1+\chi)}{\kappa\left(2 + 2\chi + k_\| d\chi\right)} < 0 \tag{2.71}$$

Wegen $\omega/\omega_M > 0.5$ ist im Gegensatz dazu die Phasengeschwindigkeit $v_p = \omega/k$ positiv. Man spricht aus diesem Grund von Rückwärtswellen. Hier treten neue Effekte wie der inverse Dopplereffekt auf. In der niedrigsten Ordnung $n = 1$ und für große Wellenlängen $kd \to 0$ im Vergleich zur Dicke wird aus der Gruppengeschwindigkeit:

$$v_g = -\frac{\omega_M d\omega_0}{4\sqrt{\omega_0(\omega_0 + \omega_M)}} \tag{2.72}$$

Im Gegensatz zur vorher besprochenen Wellenart ist dieser Wert auch von der Dicke selbst abhängig.

Tangential magnetisierte Schicht, $k_\| = 0$, **Oberflächenwellen** Als letztes wird der Fall mit in der Ebene liegender Magnetisierung und einer Ausbreitungsrichtung senkrecht dazu betrachtet (siehe Abbildung 2.12). Für die Dispersionsrelation folgt damit:

$$\omega = \sqrt{\omega_0(\omega_0 + \omega_M) + \frac{\omega_M^2}{4}\left(1 - e^{-2kd}\right)} \tag{2.73}$$

Im Gegensatz zu den bisher behandelten Volumenwellen gibt es in diesem Fall pro Ausbreitungsrichtung nur eine Mode, welche an der Oberfläche lokalisiert ist. Dieser Umstand gibt der Oberflächenwelle ihren Namen. Im Gegensatz zu Volumenwellen liegt das Frequenzband dieser Modenart oberhalb der durch Gleichung 2.61 gegebenen Manigfaltigkeit. Die Gruppengeschwindigkeit ist:

$$v_g = \frac{de^{-2kd}\omega_M^2}{4\omega} > 0 \tag{2.74}$$

Entsprechend handelt es sich hier wieder um eine Vorwärtswelle.

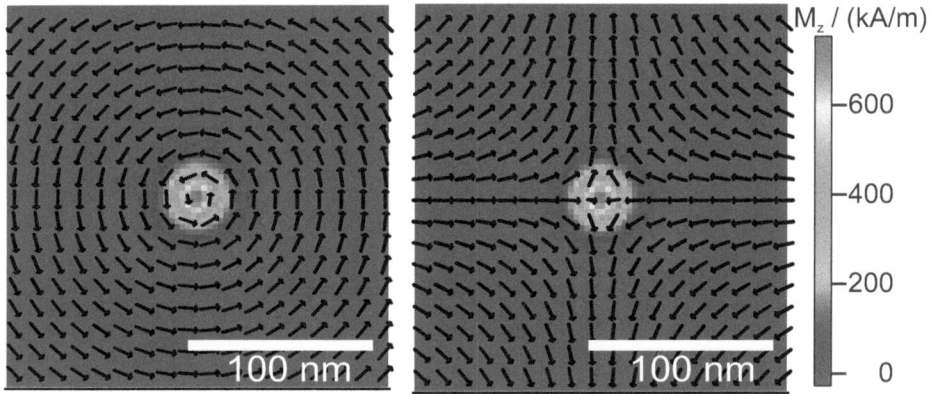

Abb. 2.14: Relaxierter Vortex und Antivortex. *Innerer Ausschnitt aus einer Vortexstruktur mit $C = +1$ und $p = +1$ und $q = +1$ (links) und einer Antivortexstruktur mit $p = +1$ und $q = -1$ (rechts).*

2.3 Magnetischer Vortex

2.3.1 Einführung

Einer der ersten Vorschläge für eine Magnetisierungskonfiguration, welche sowohl Streufeld-, als auch Austauschenergie minimiert, indem man einen magnetischen Wirbel formt, kam 1935 von Landau und Lifschitz [LL35, FT65, Hub69]. Jedoch erst um die Jahrtausendwende konnten solche Strukturen, insbesondere der Vortexkern experimentell nachgewiesen werden [SOH+00, RPS+00, WWB+02, MT02]. Aufgrund der hohen thermischen Stabilität des Vortexkernes und seinen zwei eindeutigen Zuständen wurden Vortexstrukturen schon sehr früh als Kandidaten für Anwendungen in der Spintronik, bzw. als Speicherbausteine in MRAMS diskutiert (siehe z.B. [BPCW99, KLYC08, BKD+08, PDK+10, YJL+11]).

2.3.2 Statischer Vortex und Antivortex

Struktur, Größe und Chiralität

Die Vortexstruktur soll im Folgenden durch eine kurze Energieüberlegung motiviert werden. Es wird dazu von einem kleinen runden Plättchen mit Radius R und Dicke L aus weichmagnetischem Material ausgegangen. Bei isotropen Materialeigenschaften entscheidet über die Magnetisierung das Wechselspiel aus Austausch- und Streufeld (siehe Gleichung 2.21). Sind die Elemente hinreichend klein, also im Bereich der Austauschlän-

2.3 Magnetischer Vortex

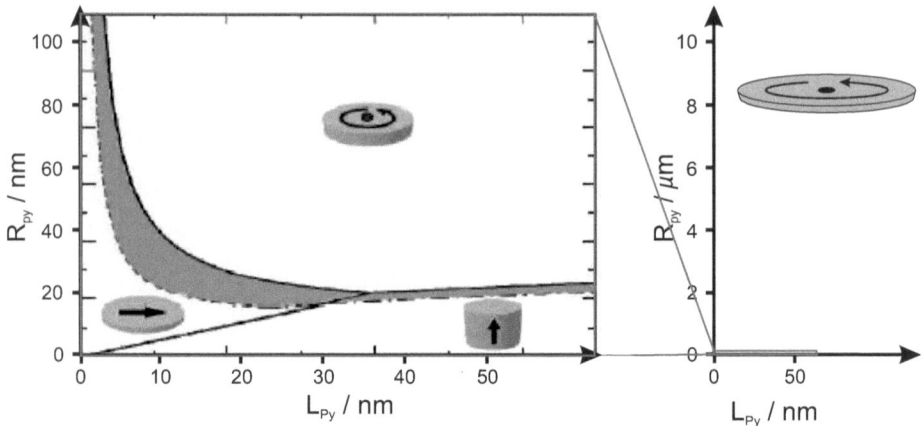

Abb. 2.15: Phasendiagramm für die Stabilität der Vortexstruktur. *Rechts: Der Vortex ist in einem sehr großen Radiusbereich $R = 0.05\,nm..10\,\mu m$.. stabil. Links: Herausgezoomt ist ein kleiner Bereich in der Größenordnung der Austauschlänge, in welchem auch Eindomänenzustände stabil sind. (Quelle: [Gus08, MG02]).*

ge, so wird die Magnetisierung von der kurzreichweitigen Austauschwechselwirkung dominiert. Dies führt dazu, dass die Magnetisierung über das gesamte Element mehr oder weniger konstant ist (siehe Abbildung 2.15 unten und links). Es handelt sich somit um ein Eindomänenteilchen. Der Einfluss des Streufeldes ist anfangs noch sehr klein und entscheidet je nach Dicke darüber, ob die Magnetisierung in der Ebene oder senkrecht dazu liegt. Mit größer werdenden Elementen steigt die Energie des Streufeldes immer mehr an, bis sie im Vergleich zur Austauschenergie nicht mehr vernachlässigbar ist. Ab einer gewissen Größe ist es für die Magnetisierung schließlich günstiger, sich unter einer geringen Inkaufnahme von Austauschenergie das Streufeld durch Umorientierungen einzelner Teilgebiete, sogenannter Domänen, zu kompensieren. Es bilden sich also Mehrdomänenteilchen aus.

Die trivialste Konfiguration eines Mehrdomänenteilchens in einer Scheibe ist die magnetische Vortexstruktur (siehe Abb. 2.15, 2.14). Zur Vermeidung von Streufeldern orientiert sich die Magnetisierung tangential zur Grenzfläche, so dass das Streufeld komplett verschwindet. Das Besondere an Vortexkonfigurationen in Kreisscheiben ist, dass sie keine scharfen Domänenwände besitzen. Vielmehr gehen die Domänen kontinuierlich ineinander über.

Je nach Dicke des Elements entstehen solche Strukturen in Py bereits ab einem Radius von ca. $30\,nm$. Aufgrund der energetisch äußerst günstigen Konfiguration bleibt diese

2.3 Magnetischer Vortex

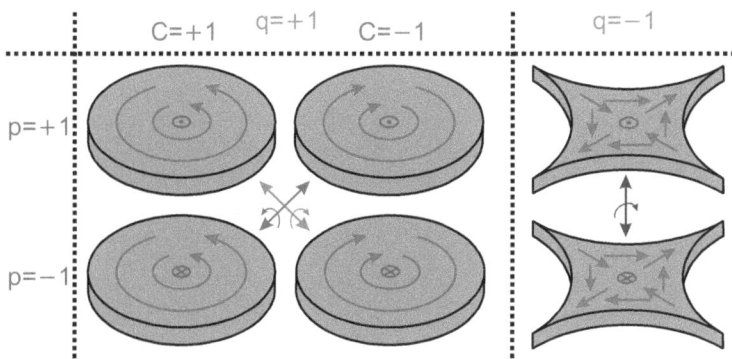

Abb. 2.16: Mögliche Vortexkonfigurationen aus $C = \pm 1$, $p = \pm 1$ **und** $q = \pm 1$. *Die linke Spalte zeigt Vortexstrukturen. Wie durch die Pfeile angedeutet, können die diagonal zueinander stehenden Elemente auch durch einfache Rotation ineinander übergeführt werden. Die rechte Spalte zeigt Antivortexkonfigurationen. Auch diese können durch diagonale Rotation ineinander übergeführt werden.*

auch bei Radien von mehreren µm die Stabilste (siehe Abbildung 2.15).

Die Orientierung der kreisförmig angeordneten Magnetisierung ist durch die **Chiralität** $C = \pm 1$ mit Hilfe der rechte-Hand Regel charakterisiert. Wie auf Abbildung 2.16 entspricht eine im (entgegen dem) Uhrzeigersinn gerichtete Magnetisierung einer negativen (positiven) Chiralität. Eine Änderung dieser Chiralität kann durch kurzzeitiges Anlegen in der Ebene liegender Felder bis zur Sättigung erzielt werden. Dabei wird das Symmetriezentrum der Magnetisierung aus der Ebene herausgedrängt und muss anschließend auf der anderen Seite wieder injiziert werden [SHZ01, YMN+10, LYCK11].

Polarität und topologische Ladung

Bei gegebener Chiralität der Vortexstruktur würden sich für kleine Abstände $\pm \vec{\rho}$ vom Zentrum benachbarte Spins antiparallel gegenüberstehen. Dies wäre eine Quelle sehr hoher lokaler Austauschenergie. Unter der Inkaufnahme einer erhöhten Streufeldenergie, orientiert sich die Magnetisierung deshalb in der Mitte aus der Ebene heraus, so dass auch dort innerhalb der Austauschlänge benachbarte Spins quasi parallel zueinander stehen. Abhängig davon, ob diese Magnetisierung nach oben oder nach unten zeigt, spricht man von der **Polarität** $p = \pm 1$ (siehe Abbildung 2.16 links). Bereits 1965 machte Feldtkeller eine Vorhersage über die Größe des Vortexkernes, welche sich linear zum Inversen der Sättigungsmagnetisierung M_s sowie zur Wurzel aus der Austauschkonstanten verhält [FT65]. Der Vortexkern wird hier als Blochlinie bezeichnet. Eine ausführliche

2.3 Magnetischer Vortex

topologische Beschreibung kann in [Mer79] gefunden werden.

Die Magnetisierung mit ihrer konstanten Amplitude $m := |\vec{m}| = |M|/M_s = 1$ wird im Folgenden durch die sphärischen Winkel (Θ, Φ) dargestellt. Aus Symmetriegründen kann die Ortsabhängigkeit auf zwei Dimensionen reduziert werden und wird durch die Polarkoordinaten (ρ, ϕ) repräsentiert[3]. Der Magnetisierung in der Umgebung eines Vortexkerns kann im Allgemeinen eine **topologische Ladung** q zugeordnet werden [AKK90]. Geht man von einer konstanten Magnetisierungskomponente in z-Richtung aus, so kann diese Ladung durch eine Integration entlang einer geschlossenen Kurve um den Kern bestimmt werden:

$$q = \frac{1}{2\pi} \int d\phi \frac{\partial \Phi}{\partial \phi} \qquad (2.75)$$

Für einen Vortex gilt: $q = +1$, während für einen sogenannten Antivortex $q = -1$ gilt (siehe Abbildung 2.14 und Abbildung 2.16). Antivortices existieren als logische Konsequenz aus der Topologie zum Beispiel zwischen zwei Vortices gleicher Chiralität. Bei entgegengesetzer Chiralität zweier benachbarter Vortices erhält man auch einen Antivortex, wenn man das Element in Richtung seiner Symmetrieachse periodisch und gespiegelt fortsetzt. Isolierte Antivortices sind in der Regel energetisch nicht sehr stabil. Dies wird bei der Betrachtung von Abbildung 2.14 rechts klar. Durch die teilweise radiale Ausrichtung der Magnetisierung provoziert diese Konfiguration sehr viele Streufelder und kann deshalb isoliert nur durch sehr viel kompliziertere Geometrien stabilisiert werden [KMC+10].

Mathematische Beschreibung

Eine einfache Form zur Beschreibung einer Vortexstruktur erfolgt über das zweidimensionale Heisenbergmodell mit uniaxialer Anisotropie [HT80, GWBM89, GMBW90, GWP97], dem sogenannten **Easy-Plane Modell**. Diese Art der Anisotropie hat ihren Ursprung in der durch die Form gegebenen Randbedingungen. Nach [GWBM89] wird von der Kontinuumsnäherung des Heisenbergoperators mit Anisotropiekonstante λ und Austauschkonstante J ausgegangen.

$$\hat{H} = -J \sum_{n,n'} \left[\vec{S}_n \vec{S}_{n'} - (1-\lambda) S_{nz} S_{n'z} \right] \qquad (2.76)$$

Durch Einführung konjugierter Variablen (Φ, m_z) lassen sich dann die Hamiltonschen Bewegungsgleichungen aufstellen. Eine asymptotische Lösung für $(\vec{m}(\rho = \infty) = \vec{e}_\phi = (\Theta = \pi/2, \phi + \pi/2)$ und $\vec{m}(\rho = 0) = (\Theta = 0))$ wird schließlich für $q = \pm 1$ angegeben. Mit

---

[3]Obwohl sich die Magnetisierung über die Dicke leicht ändert, ist dies eine übliche Näherung.

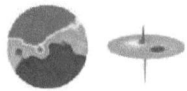

2.3 Magnetischer Vortex

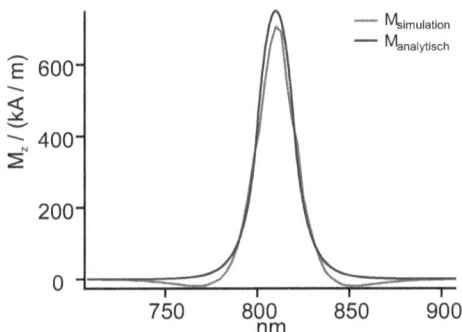

Abb. 2.17: Profil des Vortexkerns. *Schnitt durch die z-Magnetisierung der Vortexstruktur in Abbildung 2.14. Zur Mitte hin orientiert sich die Magnetisierung aus der Ebene heraus, um die Austauschenergie zu minimieren. Die Streufeldenergie führt zu einem leichten negativen Überschwingen im Umfeld des Kerns. Weiter wird das Profil aus einer analytischen Beschreibung [GWBM89] gezeigt, welches das Überschwingen nicht berücksichtigt.*

der Forderung von Stetigkeit und Differenzierbarkeit an der Stelle $\rho = \rho_v$ gilt:

$$\Phi = q\phi + \frac{\pi}{2}c \qquad \forall r \qquad (2.77)$$

$$m_z = p\left(1 - \frac{3}{7}\left(\frac{\rho}{\rho_v}\right)^2\right) \qquad \rho \to 0 \qquad (2.78)$$

$$m_z = \frac{4}{7}p\sqrt{\frac{\rho_v}{\rho}}e^{1-\rho/\rho_v} \qquad \rho \to \infty \qquad (2.79)$$

$$r_v = \frac{1}{2}\sqrt{\frac{\lambda}{1-\lambda}} \qquad (2.80)$$

Diese in Abbildung 2.17 abgebildete Lösung stimmt allerdings wie bereits erwähnt nur für $r \to 0$ und $r \to \infty$. Aus mikromagnetischen Simulationen erkennt man, dass das durch den Vortex erzeugte Streufeld in seiner Umgebung eine Magnetisierung entgegen seiner Polarität bewirkt. Ein detaillierterer Überblick über die analytischen Vortex Modelle kann in [Gus08], Kapitel 2, bzw. in [GNO+01, GNO+02, UP94, GM01, MG02] nachgelesen werden.

2.3 Magnetischer Vortex

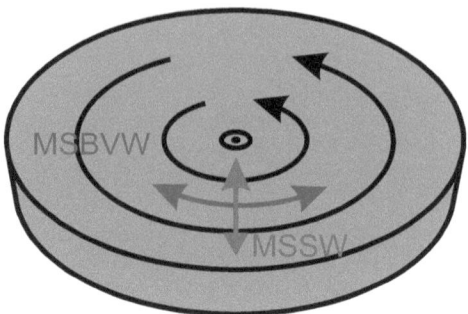

Abb. 2.18: Magnetostatische Wellen in Vortexstrukturen. *Wellen mit radialer Ausbreitungsrichtung sind oberflächenartig. Wellen mit azimutaler Ausbreitungsrichtung sind rückwärtsvolumenartig.*

2.3.3 Vortexdynamik

Der magnetische Vortex weist eine Reihe von Anregungsmoden auf. Man unterscheidet grundsätzlich zwischen der niederfrequenten gyrotropen Mode[4], bei welchen der Vortexkern selbst ausgelenkt wird [GIN+02] und rückwärtsvolumenartigen, bzw. oberflächenartigen magnetostatischen Spinwellen, bei welcher die Magnetisierung über die gesamte Fläche kollektiv angeregt wird (siehe Abbildung 2.18 und [GSCN05], sowie darin enthaltene Referenzen). Rein vorwärtsvolumenartige Wellen können lediglich im Vortexkern gefunden werden, wo die Magnetisierung aus der Ebene zeigt. Allerdings muss bei den daraus resultierenden Wellenlängen auch das Austauschfeld berücksichtigt werden, womit die in dieser Arbeit präsentierten Lösungen nicht mehr gültig sind.

Gyromode

Ein einfaches Modell zur Beschreibung der Vortexdynamik wurde von Huber [Hub82] aus der Thiele Gleichung [Thi73] in die Vortexdynamik übernommen. Der Vortex wird hier als Quasiteilchen mit den Variablen des Ortes $\vec{X}$ und der Geschwindigkeit $\vec{V}$ interpretiert. Mit der Annahme, dass der Vortexkern bei seiner Bewegung starr ist und die Magnetisierung konstant bleibt, folgt die **Thiele Gleichung**:

$$\frac{\gamma}{m_0}\vec{F} + \vec{G} \times \vec{V} + \vec{\vec{D}}\vec{V} = 0 \qquad (2.81)$$

---

[4]In der Literatur auch Goldstone Mode genannt.

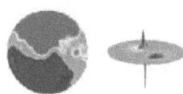

2.3 Magnetischer Vortex

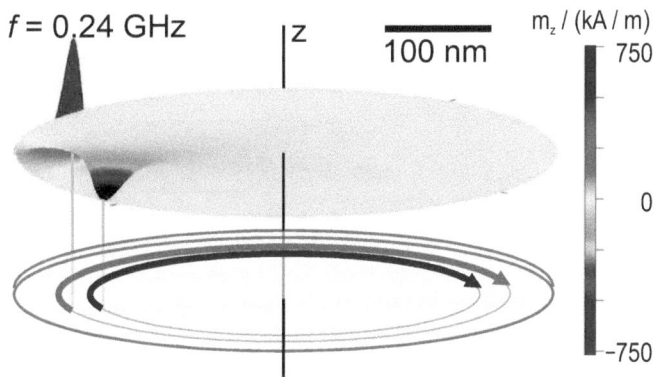

Abb. 2.19: Gyrierende Bewegung des Vortexkerns unter Anregung der gyrotropen Mode. *Gezeigt ist der innere Ausschnitt der senkrechten Magnetisierung einer Vortexstruktur unter Einfluss eines rotierenden Feldes.*

m_0 ist hier der Betrag der lokalen Dichte des magnetischen Moments. Die Kraft $\vec{F}$ erhält man aus der Energieänderung unter Variation der Vortexposition im Ort:

$$\vec{F} = \frac{d\mathcal{E}_{ges}}{d\vec{R}} \qquad (2.82)$$

Das Funktional $\mathcal{E}_{tot}$ beinhaltet die Energieterme aus Austausch, Magnetostatik, Zeemann und Anisotropie als Funktion der Vortexposition. Zur Bestimmung wurden zwei Ansätze gewählt: Das starre Vortex Modell, bei dem eine statische Suszeptibilität angenommen wird [GNO+01, GM01], sowie das oberflächenladungsfreie Modell, bei dem die Magnetisierung immer als parallel zur Oberfläche angenommen wird [MG02]. Der Gyrovektor resultiert aus der Antisymmetrie des Gyrotensors. Huber erhält dafür:

$$\vec{G} = -2\pi q p \vec{e}_z \qquad (2.83)$$

Er gibt die Rotationsrichtung eines frei gyrierenden Vortexkernes vor, welcher der rechten-Hand Regel bezüglich der Polarisation des Vortexkerns folgt. Entsprechend rotiert ein nach oben zeigender Kern entgegen und ein nach unten zeigender Kern mit dem Uhrzeigersinn. In erster Näherung erhält Huber weiter für den Dissipationstensor mit dem äußeren Radius R und der Gitterkonstanten a:

$$\vec{\vec{D}}_0 \approx -\alpha \pi ln(R/a) \vec{\vec{E}} \qquad (2.84)$$

Die Dämpfungskonstante α stammt aus der Landau-Lifschitz Gleichung 2.27.

2.3 Magnetischer Vortex

Aus der Thiele Gleichung folgt eine dämpfungsbedingte spiralförmige Rotation um das Zentrum, wobei die Rotationsfrequenz näherungsweise proportional zum Aspektverhältnis $\beta = L/R$ [IZ04, GHK+06] und damit zum Inversen der Ausgangssuszeptibilität des Vortexkernes [Gus08] ist. Abweichungen zeigen sich für sehr kleine Radien (siehe [LKP11]).

Die Thiele Gleichung kann durch weitere Terme erweitert werden, so zum Beispiel durch den Einfluss von spinpolarisiertem Strom oder aber durch einen Massenterm resultierend aus der durch die Bewegung resultierenden Verformung des Vortexkerns [NFR+05, Gus06, WV96].

Vortex-Vortex Wechselwirkung

Die Kraft zwischen zwei Vortexkernen mit der Vortizität q_1 und q_2 hängt in erster Näherung lediglich von der in der Ebene liegenden Magnetisierungsänderung zwischen den Vortexkernen über die Austauschwechselwirkung ab [HT80]. Huber [Hub82] gibt dafür entsprechend Gleichung 2.82 unter Vernachlässigung der senkrechten Magnetisierung an:

$$\vec{F} = 2\pi J S^2 q_1 q_2 \frac{\vec{e}_{12}}{r_{12}} \qquad (2.85)$$

Mit dem Inversen des Abstandes stoßen sich also zwei Vortices, bzw. zwei Antivortices ab, während sich ein gemischtes Paar von Vortex $q = 1$ und Antivortex $q = -1$ anziehen. Einen weiteren Faktor stellt der Einfluss des Streufeldes dar, welcher bei Vortices mit gleicher Polarität abstoßend und bei Vortices mit entgegengesetzter Polarität anziehend wirkt.

Schalten des Vortexkerns unter Anregung der gyrotropen Mode

Die Polarisation des Vortexkernes ist gegen statische äußere Felder sehr stabil. So braucht man zum Umschalten einer typischen Struktur in Py ca. $0.5T$. Nach [MT02] kann die Inversion der Vortexkernpolarisation sonst lediglich durch Injektion eines Blochpunktes [TM94, TGD+03], oder aber durch das Herausdrängen des Vortexkerns bei gleichzeitiger Injektion eines weiteren Kernes mit entgegengesetzter Polarisation erfolgen. 2006 wurde ein neuer Schaltmechanismus entdeckt, welcher auf der resonanten Anregung der gyrotropen Mode beruht. Die erforderlichen Magnetfelder liegen dabei 3 Größenordnungen unterhalb der benötigten statischen Felder [VPS+06]. Eine Erklärung fand sich in der durch die Dynamik bedingten starken Konzentration entgegengesetzter Magnetisierung in der Umgebung des Vortexkerns, welche als Dip bezeichnet wird. Ist dieser Dip stark genug ausgeprägt, so reicht der Energieanteil des Streufeldes aus, um spontan ein Vortex-Antivortex Paar auszubilden. Im Idealfall wird der Antivortex dann vom ursprünglichen Vortexkern angezogen und anihiliert mit diesem. Zurück bleibt der neue Vortexkern mit entgegengesetzter Polarisation.

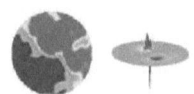

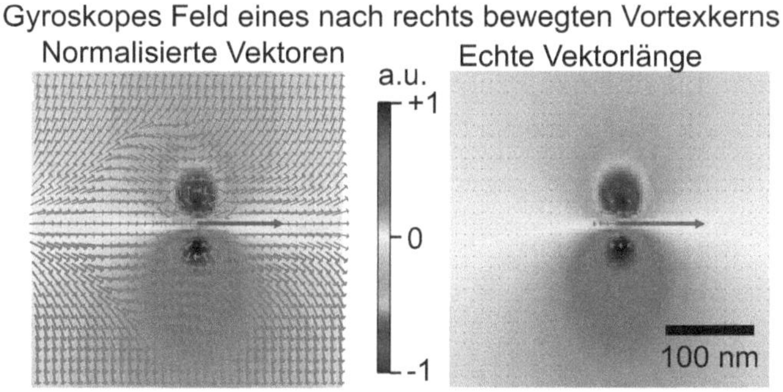

2.3 Magnetischer Vortex

Gyroskopes Feld eines nach rechts bewegten Vortexkerns
Normalisierte Vektoren — Echte Vektorlänge

Abb. 2.20: Gyroskopes Feld *für einen Vortexkern, der sich nach rechts bewegt. Die Position des Vortexkerns ist im Ursprung des Bewegungspfeils. Links normierte Vektorpfeile, rechts mit dem richtigen Betrag.*

Die Erklärung für diesen dynamischen Effekt der Ausbildung eines Dips kann in einer zur Landau-Lifschitz-Gleichung alternativen Beschreibung des Mikromagnetismus gefunden werden, welche von Thiele 1973 vorgeschlagen wurde [Thi73]. Hier werden die Beiträge zur Änderung der Magnetisierung durch eine Summe von Feldern beschrieben, nämlich dem Feld aufgrund der Magnetisierung, dem Feld aufgrund der Dämpfung, dem effektiven Feld aufgrund von reversiblen Effekten und schließlich dem gyroskopen Feld. Betrachtet man nur die zur Magnetisierung orthogonale Komponente und vernachlässigt man die Dämpfung, so lautet die Gleichung:

$$\vec{H}_\perp = -\vec{H}_g \qquad \vec{H}_g = -\frac{1}{\gamma}\left(\vec{m} \times \dot{\vec{m}}\right)_z \tag{2.86}$$

Guslienko verwendet diesen Term 2008 zur Erklärung des Schaltmechanismus [GLK08]. Die zeitliche Änderung der Magnetisierung durch die Bewegung des Vortexkernes, welche im gyrotropen Fall durch die Thiele-Gleichung 2.81 gegeben ist, erzeugt demnach ein effektives Feld, welches – unabhängig von der Polarisation des Kerns – senkrecht zur Ebene liegt und links des Vortexkernes in negative Richtung, bzw. rechts des Vortexkernes in positive Richtung zeigt (siehe Abbildung 2.20). Schalten tritt dann ein, wenn die Geschwindigkeit des Vortexkerns und damit auch der Dip groß genug ist und damit den Vortex-Antivortex Mechanismus einzuleiten [VPS+06, HGFS07, GLK08]. Guslienko hat 2008 berechnet, dass dafür in Py eine Geschwindigkeit von ca. $320\,m/s$ nötig ist [GLK08], was mehr oder weniger in verschiedenen Experimenten bestätigt wurde [VCW+09].

Die anfangs verwendeten linearen Felder beschleunigen den Vortexkern – unabhängig von seiner Polarisation – auf einen Kreisorbit. Hat er seine kritische Geschwindigkeit erreicht, führt dies zum Umschalten des Vortexkernes. Bei Verwendung von rotierenden Feldern besteht eine Kopplung zwischen der gyrotropen Mode und dem Feld nur

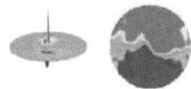

2.3 Magnetischer Vortex

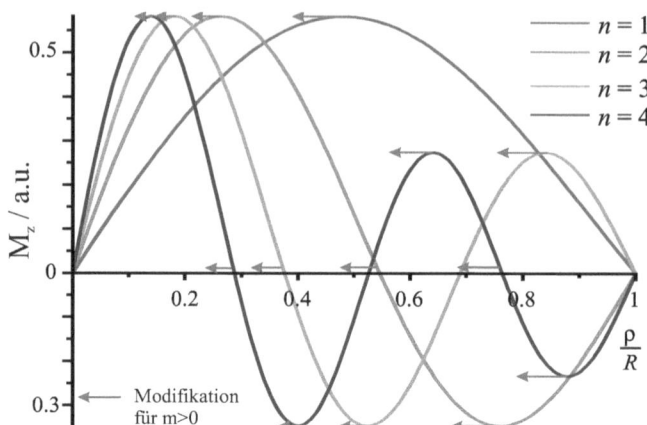

Abb. 2.21: Analytisch bestimmtes Modenprofil für $m = 0$ ohne Berücksichtigung des Vortexkerns. *Das Spinwellenprofil beruht auf der Besselfunktion $\mathcal{J}_1$ für die radiale Modenzahl $n = 1..4$, welche näherungsweise proportional zur aus der Ebene zeigenden Magnetisierung radialer Spinwellen ($m = 0$) ist. Asymmetrische Dipolfelder bei Moden mit $|m| > 0$ führen zu einer Verzerrung der Struktur in Richtung Zentrum (siehe blaue Pfeile). Somit sind die Werte für die Nullstellen und Extrema kleiner und die Amplituden bei kleineren Radien größer.*

wenn der Rotationssinn in beiden Fällen übereinstimmt. Curcic et al. konnte 2008 experimentell zeigen, dass man dieses Phänomen ausnutzen kann, um den Vortexkern *selektiv* zu schalten [CVV+08]. D.h. der Vortexkern hat, unabhängig von seiner Ausgangsposition, nach der Anregung eines Feldes mit einem bestimmten Rotationssinn einen wohldefinierten Zustand ($p = +1$ nach einem Feld im Uhrzeigersinn und $p = -1$ nach einem Feld entgegen dem Uhrzeigersinn). Auf den hierauf beruhenden Erkenntnissen folgten viele Arbeiten über Vortexkernschalten durch resonante Anregung der gyrotropen Mode durch Sinus- [VPS+06, CVV+08, LK08, dLRP+09, Pig11] und Pulsanregungen [XRC+06, WVV+09, YLJ+11], sowie durch Anregung mit spinpolarisiertem Strom [YKN+07, YKN+08]. Insbesondere wurde der Vortexkern immer mehr als Kandidat für einen magnetischen Arbeitsspeicher proklamiert [KLYC08].

Magnetostatische Spinwellen in Vortexstrukturen

Neben der niederfrequenten Gyromode enthält das Spektrum des Vortex auch einen deutlich höherfrequenteren Anteil. Aufgrund der relativ großen Wellenlängen spielen hier die magnetostatischen Felder die dominierende Rolle. Entsprechend kann für ein qualita-

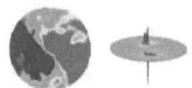

2.3 Magnetischer Vortex

tives Verständnis dieser Moden die Austauschwechselwirkung vernachlässigt werden und man spricht von magnetostatischen Wellen. Derartige Wellen sind im Abschnitt 2.2.3 für unendliche ausgedehnte, homogen magnetisierte Schichten diskutiert. Die Charakteristika der Spinwellen in Vortexstrukturen weichen von denen der unendlich ausgedehnten Schichten aufgrund der Randbedingungen ab. So sorgen die endlichen Randbedingungen für einen Übergang von einem kontinuierlichen in ein diskretes Spektrum. Das äußere Feld wird außerdem durch die sogenannte Formanisotropie mit der Konstanten λ ersetzt [HT80]. Dennoch können diese Wellenlösungen vor allem für lokale Betrachtungen, in welchen die Krümmung klein und die Ränder entfernt sind für qualitative Betrachtungen berücksichtigt werden.

Aufgrund der azimutalen Symmetrie bilden sich in Vortexstrukturen Eigenmoden mit punktsymmetrischen Symmetrien aus, welche durch eine radiale Modenzahl n (Anzahl der Antiknoten in radialer Richtung), sowie einer azimutalen Modenzahl m (Anzahl der Perioden in azimutaler Richtung) beschrieben werden können. Je nachdem, ob die Ausbreitung der Welle in radialer Richtung oder in azimutaler (kreisförmiger) Richtung erfolgt, sind die Anregungen oberflächen- oder rückwärtsvolumenwellen artig (siehe Kapitel 2.2.3, 2.2.3). Im letzteren Fall skaliert die Gruppengeschwindigkeit für die Grundmode annähernd linear mit der Wellenlänge, was essentiell für ein gleichförmiges Gyrieren der Anregungen über den gesamten Radius ist. Lediglich in der unmittelbaren Umgebung des Vortexkernes kann von einer Vorwärtsvolumenwelle gesprochen werden (siehe Kapitel 2.2.3), wobei die damit verbundenen Spinwellen eine Berücksichtigung des Austauschfeldes erfordern.

Diese Art der Vortexanregung wurden experimentell zunächst in [NGG+02] (Brillouin Lichtstreuung) und [PEE+03, BHH+04] (Kerr-Mikroskopie) nachgewiesen und auch für verschiedene Probengeometrien untersucht. Buess et al. konnte 2005 eine negative Dispersionsrelation azimutal zirkulierender Wellen bestätigen [BKH+05] und gleichzeitig eine Näherungsformel für deren Eigenfrequenzen präsentieren [BHSB05]. Analytisch wurden diese Anregungen unter anderem in [ISMW98], bzw. [IZ02] betrachtet. Es zeigt sich dort, dass die gyrotrope Mode nur ein Spezialfall ($n = 0, m = 1$) dieses Eigenmodensystems ist, welche Goldstone Mode genannt wird.

Ein alternativer analytischer Ansatz kann in [Bue05] gefunden werden. Mit der Annahme von kleinen Fluktuationen des Grundzustandes und unter Vernachlässigung der Polarisation des Vortexkerns wird dort die dämpfungsfreie Landau-Lifshitz-Gilbert Gleichung 2.27 analog zur Bestimmung des Polder-Suszeptibilitätstensors (2.44) linearisiert. Die Abschätzung des Dipolfeldes aufgrund der Magnetisierung führt schließlich auf ein Eigenwertproblem. Aus den Eigenzuständen kann auf die Magnetisierung geschlossen werden. Die diskrete Dispersionsrelation mit den Indices (n,m) folgt aus den Eigenwerten des Problems. Mit der Randbedingung $M_r(r = 0) = M_r(r = R) = 0$ lauten die

2.3 Magnetischer Vortex

$e_{n,m}$	$m=0$	$m=1$	$m=2$	$m=3$
$n=1$	1.732	1.028	0.701	0.528
$n=2$	3.325	2.634	2.059	1.642
$n=3$	4.925	4.225	3.627	3.099
$n=4$	6.480	5.838	5.262	4.680

Tab. 2.1: Eigenwerte für die magnetostatischen Spinwellen niedrigster Ordnung. *Quelle: [Bue05]*

Eigenvektoren der Magnetisierung dann wie folgt:

$$M_z(n,m) = \frac{1}{\sqrt{\pi R}\mathcal{J}2(x_{1n})}\mathcal{J}_1(k_n r)e^{im\phi} \qquad (2.87)$$

$\mathcal{J}_\nu$ ist hier die Besselfunktion ν-ter Ordnung. $k_n = x_{1n}/R$ ist die Wellenzahl, wobei x_{1n} die n-te Nullstelle der Besselfunktion $\mathcal{J}_1$ ist. Der Modenindex m gibt die Zähligkeit der Symmetrie in azimutaler Richtung an. Den Umlaufsinn der Moden erhält man aus dem Vorzeichen von m nach der rechten-Hand Regel bezüglich der senkrechten Achse. Abbildung 2.21 zeigt entsprechend das radiale Modenprofil für ($n = 1..4, m = 0$). Es muss beachtet werden, dass für $m > 0$ diese Lösungen nicht mehr exakt sind, sondern aus einer Linearkombination dieser Eigenmoden bestehen. Der Grund sind dipolare Einflüsse, wenn sich die Polarität über den Phasenwinkel ϕ ändert, welche durch die dadurch resultierende Anziehung die gesamte Struktur in Richtung Zentrum zerrt.

Die diskrete Dispersionsrelation wird wie folgt angegeben:

$$f_{n,m} = \frac{\gamma_0 M_s}{2\pi}\sqrt{e_{n,m}\frac{d}{R}} \qquad (2.88)$$

Demnach hängen die Frequenzen neben der Modenindices (n, m) von der Sättigungsmagnetisierung M_s, der Dicke d und dem Radius R des Vortexkerns ab. Die Eigenwerte $e_{n,m}$ sind in der Tabelle 2.1 zusammengefasst. Für steigendes n nimmt die Frequenz monoton zu, während aufgrund des Rückwärtsvolumencharakters eine höhere azimutale Modenzahl m zu einer geringeren Frequenz führt.

Die hier vorgestellten Lösungen vernachlässigen den Einfluss des Vortexkerns. Für ausreichend große Vortexstrukturen mit Loch in der Mitte sind diese Lösungen deshalb korrekt, was von Hoffmann et al. experimentell gezeigt wurde [HWP+07]. Wie bei der obigen Auswertung und in [NGG+02, ZIPC05, BKH+05, VSS+11] wird dort eine Abhängigkeit der Frequenz von $\omega \sim \sqrt{L/R}$ bezüglich dem Radius R und der Dicke L ermittelt. Für größere Aspektverhältnisse muss diese Gesetzmäßigkeit modifiziert werden [ZGI09]:

$$f \sim \sqrt{(L/R)\ln(R/L)} \qquad (2.89)$$

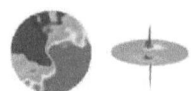

2.3 Magnetischer Vortex

Berücksichtigung des Vortexkerns – Modenaufspaltung

Unter Berücksichtigung der senkrechten Magnetisierung des Vortexkerns wird die Entartung zwischen entgegengesetzt rotierenden Moden $(n, \pm|m|)$ aufgehoben. Man muss deshalb in den partiellen Differentialgleichungen einen weiteren Term proportional zum Gyrovektor qp und der Magnetisierungskomponente senkrecht zur Ebene $\cos\Theta_0$ berücksichtigen [ISMW98, IZ02, HWP+07]. Der Ursprung dieses Terms wird in [ISMW98] als Streuung der Magnonen am Vortexkern gedeutet und als gyroscopic force bezeichnet. Die Folge ist eine Symmetriebrechung zwischen Moden mit entgegesetztem Umlaufsinn. Bei ungeradzahligen m kommt es deshalb zu einer Aufspaltung der sonst entarteten Eigenfrequenzen. Außerdem folgt eine Abweichung der Modenstruktur selbst, so dass diese nicht mehr analytisch lösbar ist. Dies wird durch Simulationen in [ZLM+05] und experimentell in [HWP+07] durch einnen Vergleich der Dynamik von Vortexstrukturen mit und ohne Vortexkern. In Experimenten, Simulationen [PC05] und analytisch durch einen Ansatz generalisierter Koordinaten [IZ05] wird weiter die Skalierung der Aufspaltung mit dem Aspektverhältnis der Probe beobachtet und vorhergesagt:

$$\Delta\omega \sim R/L \tag{2.90}$$

Die Aufspaltung zeigt sich damit deutlich größer, als in vorhergehenden Arbeiten [IZ02, IW02, IZ05]. Da dieser Effekt stark durch die Austauschwechselwirkung geprägt ist, tritt er nur bei Durchmessern $< 2\,\mu m$ und Aspektverhätlnissen von $\beta > 0.005$ auf. Mit einem Störungsansatz wurde die Aufspaltung von Guslienko et al. als Hybridisierung der gyrotropen Mode mit den azimutalen Spinwellen interpretiert, welche stark vom Überlapp der verschiedenen Moden und deren bipolarer Kopplung abhängt [GSTK08]. Mit Hilfe der Einführung eines Eichfeldes wird dies weiter untersucht [GAG10]. Das Resultat wird qualtitativ erfolgreich mit experimentellen Ergebnissen mit zeitaufgelöster Kerrmikroskopie [PC05, ZLM+05, HWP+07] verglichen. Numerisch wurden die Frequenzen der Moden in [ZLM+05, IW02, SYI+04] berechnet. In [IW02, IZ05, ASA+09] wird zusätzlich der signifikante Einfluss eines äußeren Feldes auf die Modenaufspaltung untersucht. Während die Aufspaltung der Mode $|m| = 1$ reduziert wird, folgt damit bei höheren Feldern auch eine Aufspaltung der Moden mit $|m| > 1$. Für eine Vortexstruktur $(q = +1)$ up $(p = +1)$ folgt eine höhere Frequenz mit $m = +1$ und eine niedrigere Frequenz mit $m = -1$. Bei einem Antivortex $(q = -1)$ vertauschen sich die Vorzeichen genauso, wie bei einer Änderung der Polarisation, da dann $qp = -1$ gilt.

Anregung von Spinwellen durch in der Ebene liegende Felder

Entsprechend der Landau-Lifschitz Gleichung 2.27 führt ein äußeres, in der Ebene liegendes Feld zu einer Präzession der senkrecht zum äußeren Feld liegenden Komponente der Magnetisierung um den Feldvektor. Wie auf Abbildung 2.22 dargestellt, ist dabei das

2.3 Magnetischer Vortex

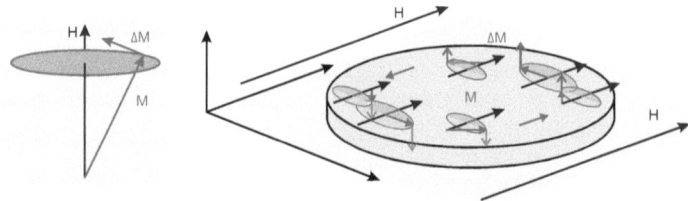

Abb. 2.22: Initiale Änderung der z-Magnetisierung durch Präzession *Links: Präzession eines Spins entsprechend der Landau-Lifshitz-Gleichung. Rechts: Präzession der Magnetisierung im relaxierten Vortex aufgrund eines B-Feldes in y-Richtung mit $p = +1$ und $c = +1$ in beliebigen Einheiten. Im inneren Bereich wird der Vortexkern in Feldrichtung verschoben.*

Drehmoment über den kompletten Radius konstant, während es sich über den azimutalen Winkel der Probe sinusförmig ändert. Aufgrund der fehlenden Oberflächenladungen bei Anregung einer relaxierten Vortexstruktur ist H_{eff} in diesem Fall näherungsweise durch das äußere Feld gegeben. Bei einer Feldamplitude von $5\,mT$ gilt für die Präzessionsfrequenz nach Gleichung 2.28: $\omega_0/2\pi \approx 200 MHz$. Bei einer Pulslänge von $10\,ps$ entspricht dies einer Präzessionsbewegung um $0.7°$ aus der Ursprungslage. Somit darf die Anregung in diesem und ähnlichen Fällen näherungsweise in einer linearisierten Form betrachtet werden.

Die durch die Präzession erzeugte Struktur der Magnetisierung entspricht qualitativ sehr gut dem Anregungsmuster azimutaler magnetostatischer Spinwellen mit ($n = 1, m = \pm 1$), so dass die Kopplung zwischen dem angelegten Feld und dieser Anregungsmoden als sehr effektiv zu erwarten ist. Da die Magnetisierung in der Nähe des Vortexkernes aus der Ebene heraus zeigt, bewirkt hier die Präzession aufgrund des Pulses eine Translation des Kernes in Richtung des angelegten Feldes (positive x-Richtung) – im Gegensatz zu einer quasistatischen Bewegung, in welcher der Vortexkern in Richtung positive y-Achse wandern würde[5].

Schalten mit Spinwellen

Bereits vor ca. 10 Jahren wiesen Interpretationen von analytischen Berechnungen und Simulationen auf ein Vortexkernschalten durch Anlegen von rotierenden GHz Feldern hin [GKMB99, GKMB00, KP02, ZGMB03, KSGM07]. Die verwendeten Frequenzen liegen deutlich über der Eigenfrequenz der gyrotropen Mode und der Rotationssinn ist dabei genau entgegengesetzt zu dieser Anregungsmode. Die Autoren konnten schließlich eine Erklärung für die Ausbildung des Dips liefern, welche ohne die Bewegung des Vor-

---

[5]In Richtung seiner Ruhelage unter Einfluss eines äußeren konstanten Feldes

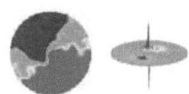

2.3 Magnetischer Vortex

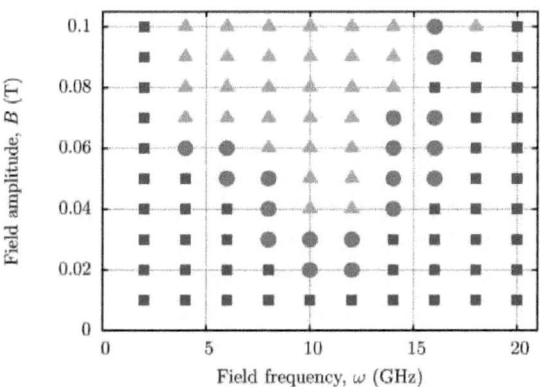

Abb. 2.23: Phasendiagramm von Kravchuk et al., *welches Vortexkernschalten mit GHz Feldern entgegen der gyrotropen Mode mit Simulationen vorhersagt. Dies entspricht der Anregung der hier betrachteten Mode (n = 1, m = −1). Quelle [KSGM07]*

texkerns, ja sogar ohne den Vortexkern selbst auskommt [KGS09]. *Selektives* Schalten erfordert jedoch eine Symmetriebrechung, zu welcher die Vortexkernpolarisation einen essentiellen Beitrag leistet. Deshalb ist eine solche Erklärung nicht ausreichend für die vorhergesagten Schaltprozesse.

Ein Vorstoß in Richtung ultraschnellem Schalten wurde vor wenigen Jahren durch die Simulation von Pulsanregungen durch Hertel et al. [HGFS07], bzw. Xiao et al. [XRC+06] präsentiert. Diesem nichtresonanten Schaltprozess fehlte es bisher jedoch an einer physikalischen Interpretation, sowie der Möglichkeit von selektivem Schalten.

Im Widerspruch zu diesen Vorhersagen zeigt Lee et al. 2007 in seinen Simulationen, dass resonantes Schalten in einem erweiterten Frequenzband nicht ohne die Anregung in der gyrotropen Frequenz erzielt werden kann [LGLK07][6].

Bei der Diskussion über den höchst nichtlinearen Schaltprozess müssen die Ergebnisse aus den Simulationen stets kritisch hinterfragt werden. So spielt die Wahl der Diskretisierung eine wichtige Rolle bei der quantitativen Auswertung. Noch wichtiger ist aber der Effekt aufgrund von Näherungen im Simulationscode selbst. Diese führen zwar zur Steigerung der Leistungsfähigkeit, sind aber nur für kleine laterale Spinwinkeländerungen zulässig [DP99]. Diese Voraussetzung trifft jedoch während des Vortexkernschaltens nicht mehr zu, so dass es einer experimentellen Validierung derartiger Vorhersagen bedarf.

Bis dato fehlte es aufgrund der beschränkten Möglichkeiten jeglicher experimenteller Bestätigung von Vortexkernschalten im Frequenzbereich über 1 GHz. Darüber hinaus

---
[6]Dies wurde auch 2010 in einer Diskussion von Mitautor K. Guslienko nochmals betont.

2.3 Magnetischer Vortex

konnte noch kein anschauliches physikalisches Bild zur Erklärung der Vorhersagen gefunden werden.

In dieser Arbeit wird der experimentelle Nachweis für resonantes Schalten mit magnetischen GHz Feldern erbracht. Durch Vergleich mit mikromagnetischen Simulationen wird ein geschlossenes Bild des selektiven Schaltens mit azimutalen Spinwellen geliefert. Der Schaltmechanismus wird mit Hilfe eines anschaulichen Modells erklärt, welches auf der Anregung von azimutalen Spinwellen und deren Wechselwirkung mit dem Vortexkern beruht. Aus den experimentell bestätigten Simulationen können schließlich Parameter für ultraschnelles Schalten bis unter $100\,ps$ ermittelt werden.

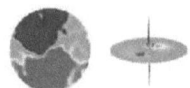

3 Methoden in Experiment und Simulation

In diesem Kapitel werden die zur Durchführung der Experimente und Simulationen angewandten Methoden und Werkzeuge vorgestellt. Der erste Abschnitt beschäftigt sich mit der experimentellen GHz Anregung der Proben mit rotierenden Feldern und deren zeitabhängiger Abbildung im Röntgenmikroskop. Im zweiten Abschnitt werden die verwendeten Simulationswerkzeuge zur Vorhersage und Interpretation der experimentellen Daten beschrieben. Der letzte Abschnitt stellt die wichtigsten analytischen Auswertungsmethoden von Experiment und Simulation vor.

3.1 Experimenteller Aufbau

Die im Rahmen dieser Arbeit aufgebaute und angewandte Messmethode ist schematisch auf Abbildung 3.1 gezeigt. Im Folgenden sollen die dafür benötigten Teilkomponenten beschrieben werden. Zunächst wird der Aufbau zur GHz Anregung beschrieben, welcher eine Erzeugung rotierender homogener Magnetfeldbursts mit definierten Frequenzen von mehr als $12\,GHz$, Burstlängen ab einer Länge von $200\,ps$ und Amplituden von bis zu $30\,mT$ ermöglicht. Daraufhin wird das Probensystem vorgestellt. Ein wichtiger Aspekt ist hier das Design der Platine, welche die zweistelligen GHz Signale möglichst verlustfrei übertragen muss. Zur Bilderzeugung ist die daraufhin erläuterte Datenerfassung verantwortlich, mit welcher sowohl die Aufnahme statischer, als auch dynamischer Bilder ermöglicht wird. Die Rahmenbedingungen für statische Abbildungen werden als nächstes erklärt. Das stroboskopische Messverfahren erfordert eine optimale Synchronisation zwischen der Anregung und den Synchrotronblitzen. In diesem Zusammenhang spielt die Zuweisung der Bildsignale zum relativen Anregungszeitpunkt innerhalb eines sich wiederholenden Anregungszyklus eine entscheidende Rolle. Dies mündet schließlich in die Beschreibung der Datenaufbereitung, zur Erzeugung der zeitaufgelösten Abbildungen.

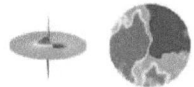

3.1 Experimenteller Aufbau

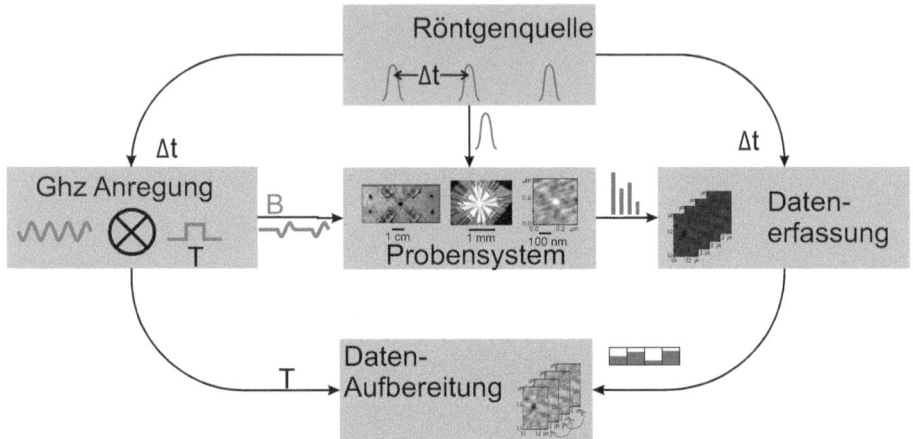

Abb. 3.1: Übersichtsschema zur Methode der zeitaufgelösten Messungen am Röntgenmikroskop. *Die Röntgenquelle liefert über die Optik des Mikroskops das Röntgenlicht vom Synchrotron. Gleichzeitig wird die Zeitinformation der Signalpulse an die GHz Anregung und an die Datenerfassung weitergegeben. Mit dieser Zeitinformation können synchronisierte periodische Magnetfeldanregungen auf das Probensystem geleitet werden, welches durch die Röntgenquelle zeitdefiniert betrachtet wird und in der Datenerfassung mit Orts- und Zeitangaben festgehalten wird. Diese Daten müssen mit der Zeitinformation der Anregung und der Röntgenquelle sortiert und zur Betrachtung weiter aufbereitet werden.*

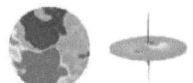

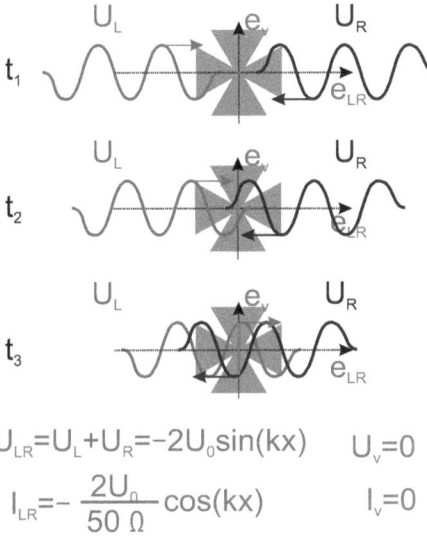

$$U_{LR} = U_L + U_R = -2U_0\sin(kx) \qquad U_v = 0$$
$$I_{LR} = -\frac{2U_0}{50\,\Omega}\cos(kx) \qquad I_v = 0$$

Abb. 3.2: Prinzip zur Anregung rotierender Felder. *Signale werden immer antisymmetrisch von links und von rechts durch die Kreuzmitte gesandt. Dadurch bleibt die Spannung in der Mitte $U(0) = U_L + U_R = 0$. Da der Abstand von der rechten und der linken Welle auf den orthogonalen Armen immer gleich ist, bleibt ihre Superposition auf diesem Arm immer 0 und es wird effektiv kein Signal abgezweigt.*

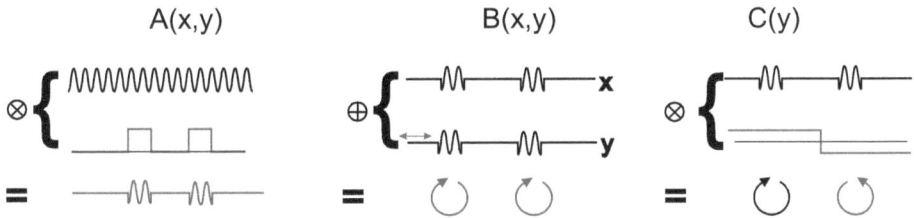

Abb. 3.3: Schematische Beschreibung der Signalerzeugung. *Ein kontinuierlicher Sinus wird durch Multiplikation mit einem Puls zu einem Burst (A). Rotierende Felder entstehen, indem man die Burstsequenz in x- und y- Richtung um $\pm 90°$ verschiebt (B). Bei einer der Komponenten (y) wird nun jeder zweite Burst invertiert, womit die Drehrichtung des Bursts geändert wird (C).*

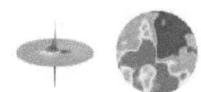

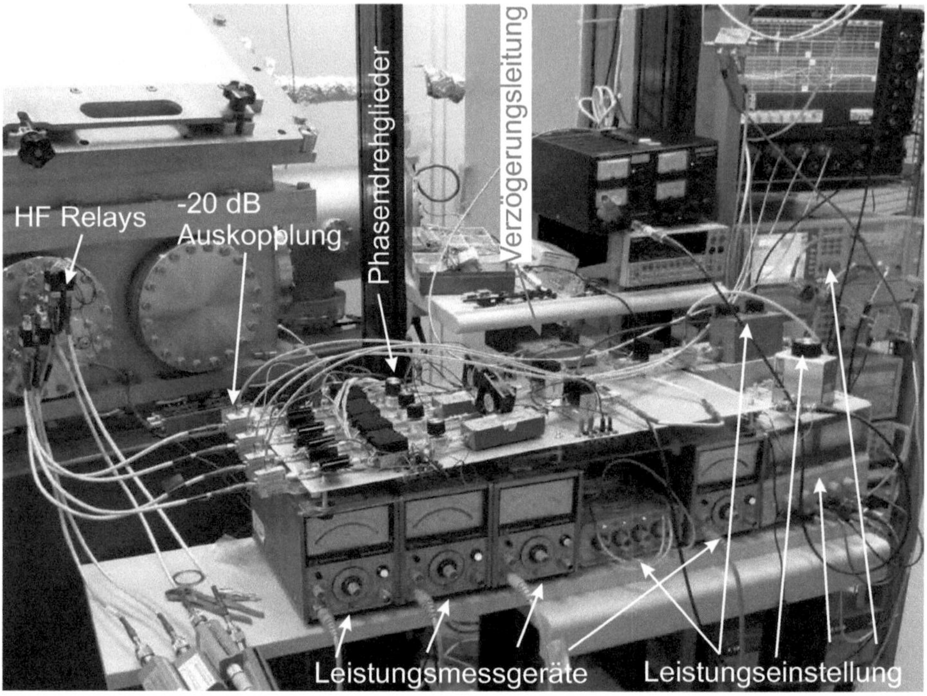

3.1 Experimenteller Aufbau

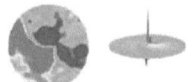

Abb. 3.4: Fotografie des Hochfrequenzaufbaus zur zeitaufgelösten Röntgenmikroskopie. *Aufgenommen am Röntgenmikroskop MAXYMUS an der BESSY II in Berlin.*

3.1.1 Rotierende GHz Felder

Anregungskonzept

Das ursprüngliche Prinzip ging aufgrund der symmetrischen Ansteuerung von einer virtuellen Erde in der Mitte der nicht isolierten Kreuzungsstelle aus. Deshalb wurden möglichst nahe an der Probe 50Ω-Abschlusswiderstände angebracht, was an die rotierende Ansteuerung nach [CSW+11] anlehnt, nur mit externen Baluns. Der Nachteil dieser Methode ist jedoch, dass der Strom hinter den Widerständen eigentlich undefiniert ist. Außerdem stellen die eingelöteten Widerstände eine hohe Barriere für Signale im GHz Bereich dar. Es wurden deshalb einige Modifikationen vorgenommen.

Das Prinzip ist auf Abbildung 3.2 gezeigt. Das von links kommende Signal U_L wird mit dem von rechts kommenden Signal U_R superponiert. Dies gilt auch für die Ströme:

$$U_L = U_0 \sin(\omega t - kx) \qquad I_L = -U_0/50\Omega \cos(\omega t - kx) \qquad (3.1)$$
$$U_R = -U_0 \sin(\omega t + kx) \qquad I_R = -U_0/50\Omega \cos(\omega t + kx) \qquad (3.2)$$

Indem von gegenüberliegenden Seiten immer das jeweils invertierte Signal transmittiert wird, bleibt aufgrund der Symmetrie das effektive Potential auf der dazu orthogonalen Leiterbahn konstant. Folglich ist dieser Zweig im Idealfall unbeeinflusst vom transmittierten Signal. Mit Hilfe der Additionstheoreme von sin und cos erhält man damit einen stationären Spannungsknoten, bzw. Strombauch mit doppelter Amplitude in der Mitte des Kreuzes ($x = 0$):

$$U_{LR} = U_L + U_R = -2U_0 \sin(kx) \cos(\omega t) \qquad (3.3)$$
$$I_{LR} = I_L + I_R = -2U_0/50\Omega \cos(kx) \cos(\omega t) \qquad (3.4)$$

Das transmittierte Signal wird durch Dämpfungsglieder am gegenüberliegenden Eingang vor den Verstärkerendstufen ausreichend abgeschwächt, so dass der zurückreflektierte Anteil vernachlässigt werden kann.

Signalerzeugung

Abbildung 3.3 zeigt schematisch das Prinzip zur Erzeugung der rotierenden GHz Bursts. Man kann den Aufbau in 3 Untergruppen unterteilen:

- Bursterzeugung (A)
- Signalteilung und Versatz (B,C)
- Signalinversion (D)

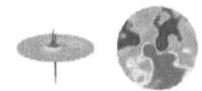

3.1 Experimenteller Aufbau

Abb. 3.5: Eigens entwickelter Platinenhalter und Platine. *Über abgestimmte SMA-Kabel wird das Signal zum abnehmbaren Aluwinkel geleitet. Am Aluwinkel wird die Platine montiert und SMA-SMP Kabel stellen über SMP-Stecker die Verbindung zwischen Signalleitung und Platine her. Der Aluwinkel wird so auf den 0° oder 30° Grundträger montiert, so dass die Probe im Röntgenstrahl zentriert ist.*

Ein kontinuierlicher Sinus wird mit einem Puls, welcher die Burstlänge vorgibt, multipliziert (Abbildung 3.3 A). Zwei derartige, aufeinanderfolgende Bursts bilden das periodische Signal zur Erzeugung von abwechselnd rechts und links drehenden Magnetfeldern. Um die Drehung zu bewirken, werden die senkrechten Signale mit einem Phasenversatz von ±90° zur Probe geleitet (B). Damit der zweite Burst eine entgegengesetzte Drehrichtung im Vergleich zum Ersten hat, wird er im y-Kanal invertiert (C). Schließlich wird für beide Kanäle das oben beschriebene Prinzip der virtuellen Erdung angewandt, indem der Burst von beiden Seiten symmetrisch zur Probe geleitet wird. Eine der beiden Seiten ist dabei wieder invertiert (D). Im Endeffekt werden also 4 Signale zur Probe geleitet. Für die stroboskopische Messung wird das Anregungssignal mit der Zeitstruktur des Speicherrings synchronisiert. Genauere Details können im Anhang um Abbildung A.1 nachgeschlagen werden. Ein Foto des Hochfrequenzaufbaus am Mikroskop auf Abbildung 3.4 zeigt die wesentlichen Komponenten.

3.1.2 $12\,GHz$ Platine

Bei Anregung von rotierenden Hochfrequenzfeldern im zweistelligen GHz Bereich stellen die Zuleitungen zur Probe auf der Platine, sowie auf dem Chip das Nadelöhr dar. Alle 4 Zuleitungen müssen aufgrund der wichtigen Phaseninformation möglichst symmetrisch und verlustfrei das Signal zur Probe leiten. Im Rahmen dieser Arbeit wurde hierfür ein neues Zuleitungskonzept entwickelt. Von den Durchgangsflanschen führen genau abge-

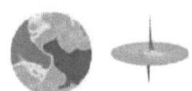

3.1 Experimenteller Aufbau

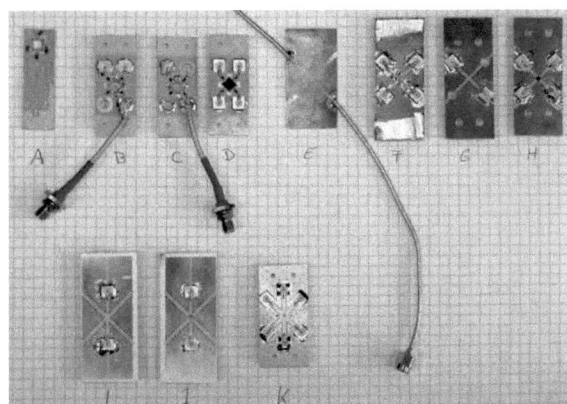

Abb. 3.6: Verschiedene Entwicklungsstadien der GHz **Platine.** *Das Resultat ist eine Platine, welche relativ verlustfrei Signale bis* $12\,GHz$ *überträgt.*

stimmte SMA-Kabel bis zu einem Aluwinkel, auf welchem die Probenplatine montiert wird. Vier weitere SMA-SMP-Kabel sind direkt am Aluwinkel montiert und verbinden die Signalleitungen mit den an die Probe gelöteten SMP-Steckern. So kann der Aluwinkel auf eigens dafür konstruierte und an der Piezohalterung des Mikroskops montierte Grundhalter mit einer wahlweisen Positionierung von 0° (senkrechte Transmission) oder 30° (Transmission mit einer in der Ebene liegenden Komponente) befestigt werden (siehe Abbildung 3.5).

Platinenentwicklung

Die Platine zeichnet sich durch ihren symmetrischen Aufbau und gute Signaltransmission bis $12\,GHz$ aus. Abbildung 3.6 zeigt dazu verschiedene Entwicklungsstufen. Mit Hilfe von Time Domain Reflektometrie (TDR) (Abschnitt A.2 im Anhang) und Netzwerkanalyse (siehe Abbildung 3.7) konnten die Prototypen getestet und Störstellen identifiziert werden. Damit der Strom auch wirklich bis zur Probe definiert ist, wurden die Abschlusswiderstände aus der Platine entfernt. Die virtuelle Erdung wird entsprechend Abschnitt 3.1.1 durch einen Spannungsknoten der symmetrischen Signale realisiert. Dies hat den Vorteil, dass die Hochfrequenzeigenschaften durch den Wegfall zweier Lötstellen und des Widerstands selbst deutlich verbessert wurden. Ein weiterer Verbesserungspunkt ist eine leistungsfähige Steckverbindung, welche möglichst gut verlötet ist. Hier wurden smp-Stecker gewählt, welche bis $26.5\,GHz$ spezifiziert sind. Außerdem stellte sich heraus, dass die Massenfläche unterhalb der koplanaren Signalleitung sehr wichtig ist. Möglichst viele Durchkontaktierungen sind vor allem entlang der Signalleitungen verbaut, um zum

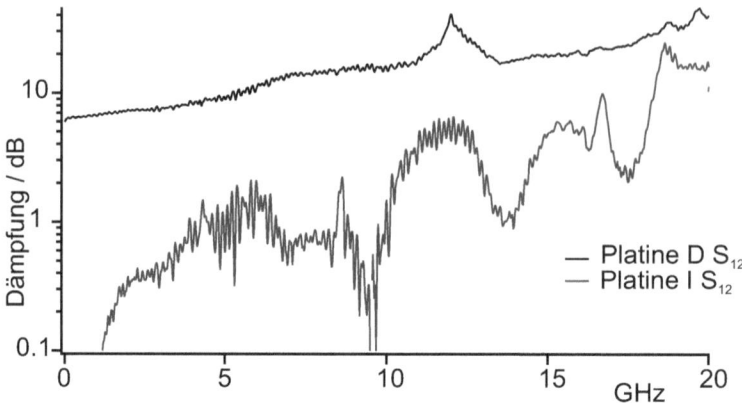

Abb. 3.7: Frequenzabhängige Dämpfung der Platinen. *Es ist zu beachten, dass die Dämpfung an der Probe nur halb so groß ist, da das Signal bis dorthin genau die Hälfte des Weges zurückgelegt hat. Gezeigt ist die Dämpfung der Platine D und Platine I aus Abbildung 3.6) auf einer logarithmischen dB-Skala.*

einen stehende Wellen zu verhindern, zum anderen aber auch um die Unterbrechung der Massenflächen auf der Oberseite zu überbrücken. Zur Charakterisierung der Platine D wurden die orthogonalen Leiterbahnen auf dem Fenster nahe an der Kreuzungsstelle unterbrochen. So wird trotz der orthogonalen Kanäle die Transmission einschließlich der Bonddrähte und der Probe selbst gemessen. Die Messungen zeigen, dass mit der aktuellen Platine der größte Verlust durch die Bonddrähte und die Probe selbst erzeugt wird (siehe auch Abbildung A.2). Allerdings spielt auch die Verlötung und Qualität der smp Stecker eine große Rolle. Als Resultat konnten schließlich Signale mit einer Frequenz von bis zu $12\,GHz$ bei vergleichsweise geringen Verlusten übertragen werden. Da das Signal in der Mitte der Probe entscheidend ist, ist nur die Hälfte der Dämpfung relevant.

Feldamplitude

Zur Bestimmung der an der Probe liegenden Feldamplitude wird die Wiederholrate der Anregung auf annähernd 100% gestellt. Aus der dann messbaren effektiven Leistung kann eine Maximalamplitude bestimmt werden, welche auch für die kurzen Bursts gültig ist. Aus dem daraus resultierenden Strom lässt sich das Magnetfeld über der Signalleitung wie folgt bestimmen: Man misst zunächst die an jedem Kanal der Probe anliegende effektive Leistung $P_{0,dBm}$, welche dabei auch feinangepasst werden kann. In mW ausgedrückt erhält man: $P_{0,mW} = 10^{P_{0,dBm}/10}$ Pro Kanal liegt damit eine Span-

nungsamplitude von $U = \sqrt{2 \cdot P_{0,mW} \cdot 50\Omega/1000}\,V$ an. Da in der Mitte der Probe der Beitrag der invertierten Spannung hinzuaddiert werden muss, fließt ein Peakstrom von $I = 2 \cdot U/50\Omega$ durch die Leiterbahn. Nach [CMS+05] berechnet sich das Magnetfeld oberhalb einer Leiterbahn mit einer Breite von $w = 2.5\,\mu m$ aus dem Strom mit ausreichender Näherung durch[1]: $B = \mu_0 I/2w$. Die rotierenden Felder werden durch ein Kupferkreuz mit orthogonal fließenden Strömen erzeugt. Aufgrund des durch die Seitenarme verbreiterten Querschnittes der Leiterbahn in der Kreuzmitte folgt eine effektiv erniedrigte Stromdichte. Deshalb muss weiter ein Korrekturfaktor zu dieser Formel hinzugefügt werden, welcher nach [CSW+11] bei ca. 0.652 liegt. Für das rotierende B-Feld ergibt sich damit endgültig:

$$B/mT = 1.304 \cdot \mu_0 \cdot \frac{\sqrt{10 \cdot 10^{P_{0,dBm}/10}}}{w} \quad (3.5)$$

Mit der Annahme, von einer maximalen Stromdichte von $10^{13}\,A/m^2$ kann bei einer Leiterbahn mit dem Querschnitt $1\,\mu \times 200\,nm$ ein maximaler Strom von $2\,A$ erzielt werden. Entsprechend der Gleichung erzielt man damit bei gekreuzten Leiterbahnen eine Feldstärke von knapp $300\,mT$. Dafür sind jedoch Verstärker mit einer Ausgangsleistung von deutlich über $50\,W$ nötig. In diesem Strombereich muss jedoch eine Begrenzung des Stroms aufgrund von thermischer Belastung und Elektrotransport in Betracht gezogen werden, was sehr spezielle Präparationsverfahren der Leiterbahnen erfordert. Detailliertere Betrachtungen sind im Anhang, Abschnitt A.3 nachzulesen.

Um möglichst hohe Magnetfelder für eine gegebene Ausgangsleistung des Verstärkers zu erzielen, wurde die Leiterbahn mit nur einer Probe auf der Kreuzmitte bei gleichzeitig weitgehender Einhaltung der Homogenität des Feldes so klein wie möglich gewählt[2] (siehe auch [CSW+11]).

3.1.3 Vortexstruktur auf Membranen

Die Präparation der Proben mit gekreuzten Leiterbahnen und dem Py Element wurde von Georg Woltersdorf, Universität Regensburg, durchgeführt. Der Schichtaufbau ist schematisch auf Abbildung 3.8 gezeigt.

SiN Membranen

Die auf Abbildung 3.9 Mitte und rechts gezeigte Transmissionsmikroskopie erfordert ein Trägermaterial mit möglichst wenig Absorption. Bei den gegebenen Energien der Photonen wird dies durch dünne Si_3N_4 Membranen gewährleistet. Die Chips wurden bei

---

[1] in SI Einheiten
[2] Die in dieser Arbeit erzielten Magnetfelder bei einer Breite der Leiterbahn von $2.5\,\mu m$ hatten eine Amplitude von rund $10\,mT$.

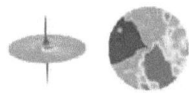

3.1 Experimenteller Aufbau

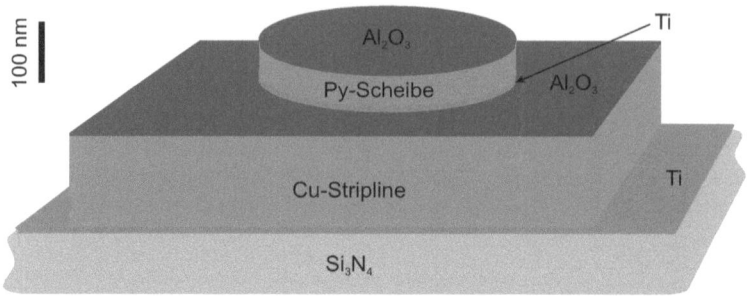

Abb. 3.8: Schichtaufbau der Probe. *Als Basis wird eine Silizium-Membran verwendet, worauf 10 nm Titan als Haftvermittler aufgebracht ist, bevor eine 150 nm dicke Kupferleiterbahn folgt. Diese wird durch 5 nm Aluminium vor Oxidation geschützt. Daraufhin wird mit Hilfe von Elektronenstrahllithographie die Probenscheibe in der Mitte des Kreuzes strukturiert und belackt. Nach weiteren 10 nm Titan als Haftvermittler folgen 50 nm Py. Das System wird schließlich durch 5 nm Aluminium als Oxidationsschutz abgeschlossen.*

Abb. 3.9: Die Probe. *Links: Lichtmikroskopaufnahme des Probenkreuzes. Koplanare Wellenleiter reichen bis zur Mitte hin. Jeder Anschluss ist mit 3 Bonddrähten mit der Platine verbunden. Mitte: Übersichtsaufnahme des Kreuzes mit der Py-Probe in der Mitte. Rechts: Kontrastbild des Vortexkerns. Die letzten beiden Aufnahmen sind mit dem Röntgenmikroskop aufgenommen.*

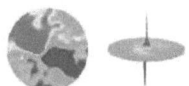

3.1 Experimenteller Aufbau

der Firma Silson[3] hergestellt. Um möglichst gute Hochfrequenzeigenschaften zu erzielen, wurde SiN mit extra niedriger Leitfähigkeit gewählt. Außerdem wurden die Chips auf 2 mm Kantenlänge reduziert. Zur Erleichterung der Bearbeitung wurde die mechanische Stabilität durch eine Verkleinerung der 100 nm dicken Membranen von 1000 μm auf 80 μm reduziert. Durch zusätzliche Sichtbohrungen auf der Platine wurde das Problem der damit verbundenen schwierigeren Justage im Mikroskop kompensiert. Das Röntgenlicht auf der Nickel-Kante bei 850 eV weist bei diesem Material ca. 88 % Transmission auf. Aus Symmetriegründen wurden die Membranfenster, mit einem Winkel von 45° um die Strahlachse gedreht, in die Mitte der gebohrten Platine geklebt. Die Signalleitungen auf den Chips sind im Außenbereich aus Gold, was das Bonden von möglichst vielen Verbindungsleitungen zwischen Platine und Membranfenster erleichtert.

Die gekreuzten Leiterbahnen

Es wurden bis zur Mitte hin koplanare Wellenleiter verwendet, welche dort bis auf 2.5 μm an der Kreuzungsstelle verjüngt sind (siehe Abbildung 3.9), um dort die beiden gekreuzten Stromkomponenten zu transmittieren. Aufgrund der besseren Transmission wird im Bereich der Probe anstelle der Au- (<10 % Transmission) eine Cu-Leiterbahn (ca. 72 % Transmission) mit einer Dicke von 170 nm verwendet.

Vortexstrukturen aus Permalloy

Auf der Mitte des Kreuzes werden die Kreisscheiben aus Py, einer Legierung aus Nickel (81 %) und Eisen (19 %), mit einem Durchmesser von 1.6 μm und einer Dicke von 50 nm mit Hilfe von Elektronenstrahllithographie, thermischem Bedampfen und Lift-off präpariert (siehe Abbildung 3.9 rechts). Aufgrund seiner Multikristallinen Beschaffenheit, sowie der ohnehin kleinen Kristallanisotropie weist dieses Material keine effektive Kristallanisotropie auf und die Energieterme reduzieren sich auf das Streu- und Austauschfeld.

Dieses weichmagnetische Material hat sich für die Untersuchung von magnetischen Vortexstrukturen als äußerst nützlich herausgestellt. Die Dicke wird dabei durch die Maximierung des magnetischen Kontrasts vorgegeben (siehe Abschnitt 3.1.4). Der Radius der Scheibe ist hier ein Kompromiss aus einer möglichst kleinen Probe zur Reduzierung der Integrationszeit der Aufnahmen, sowie der Rechenzeit mikromagnetischer Simulationen und einer ausreichend großen Scheibe zur Reduzierung der Spinwellenfrequenzen auf deutlich unter 12 GHz. Die Untergrenze ist durch den Hochfrequenzaufbau, sowie die zeitliche Auflösung des Mikroskops gegeben. Nach Gleichung 2.89 steigt nämlich die Frequenz mit der Wurzel des inversen Radius.

---

[3]Silson Ltd, Unit 6, JBJ Business Park, Northampton Road, Blisworth, Northampton, NN7 3DW, England

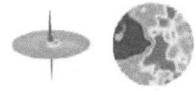

3.1 Experimenteller Aufbau

	Py	Fe	Ni
$A/(J/m)$	$1.3 \cdot 10^{-11}$	$2.1 \cdot 10^{-11}$	$0.9 \cdot 10^{-11}$
$K_1/(J/m^3)$	$0.5 \cdot 10^3$	$48 \cdot 10^3$	$-5.7 \cdot 10^3$
$M_s/(A/m)$	$0.75 \cdot 10^6$	$1.7 \cdot 10^6$	$0.49 \cdot 10^6$
l_d/m	$5.6 \cdot 10^{-9}$	$3.3 \cdot 10^{-9}$	$7.4 \cdot 10^{-9}$
l_{an}/m	$161.2 \cdot 10^{-9}$	$21 \cdot 10^{-9}$	$42 \cdot 10^{-9}$
$\mu(L_3)/(1/nm)$		0.06	0.042
$\rho/(kg/m^3)$	8700	7874	8908

Tab. 3.1: Materialparameter für Permalloy (Py), Eisen (Fe) und Nickel (Ni).
Gezeigt wird die Austauschkonstante A, die Anisotropiekonstante K_1, die Sättigungsmagnetisierung M_s, die dipolare Austauschlänge l_d (siehe Gleichung 2.18), die Austauschlänge der Anisotropie l_{an} (siehe Gleichung 2.17), der Absorptionskoeffizient an der L_3-Kante μ, sowie die Volumendichte ρ

Die in dieser Arbeit verwendeten Materialparametern für Py sind in Tabelle 3.1 zusammengefasst.

3.1.4 Statische Abbildungen

Bilder werden im STXM durch ortsabhängige Transmissionsmessungen eines fokussierten Röntgenstrahls erzeugt. Dabei wird die Probe Pixel für Pixel abgerastert, während die Transmission an jedem Punkt für eine konstante Zeit von typischerweise mehreren 10 ms integriert wird. Durch die ortsaufgelöste Abbildung des Kontrastes ergibt sich ein röntgenmikroskopisches Bild. Zirkular polarisiertes Licht führt aufgrund des XMCD Effekts auf der verwendeten Nickel L_3-Kante zu einer magnetisierungsabhängigen Absorption. Es kann dabei nur die Komponente in Strahlrichtung gemessen werden. Abbildung 3.9 rechts zeigt die lokale Änderung der Magnetisierung durch den Vortexkern. Allerdings gibt es auch weitere Effekte, welche den dadurch erzielten Kontrast teilweise stark beeinflussen und damit die Beobachtung der Magnetisierung erschweren:

- Variation der Dicke und Beschaffenheit der durchstrahlten Materialien (3.9 Mitte)
- Zeitliche Änderung der Strahlintensität und Qualität
- Wegdriften der Probe
- Sättigung durch Mehrphotonenereignisse
- Rauschen aufgrund von geringer Statistik
- Verwischung durch die beschränkte laterale Auflösung

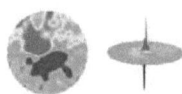

3.1 Experimenteller Aufbau

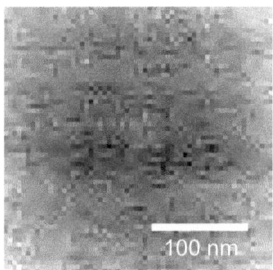
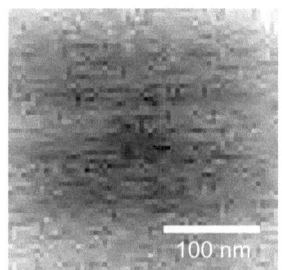
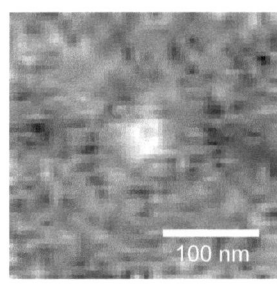

Abb. 3.10: XMCD Abbildung. *Es wurde zweimal dasselbe Bild mit einer relativ kurzen Integrationszeit von 15 ms pro Pixel aufgenommen, einmal mit einem Vortex up (links) und einmal mit einem Vortex down (Mitte). Das rechte Bild ist eine geglättete Division vom linken durch das mittlere Bild.*

XMCD Bilder

Um den magnetischen Kontrast unabhängig vom durchstrahlten Material und seiner Beschaffenheit zu erhalten, werden zwei Bilder mit entgegengesetzter Helizität des Röntgenlichtes oder invertierter Magnetisierungskomponente aufgenommen und pixelweise durcheinander dividiert. Da der materialabhängige Kontrast nicht von der Magnetisierung abhängt, wird dadurch eine Konstante, im Idealfall 1, erzeugt. Im Gegensatz dazu erfolgt aufgrund der entgegengesetzten Helizität des Lichts im Vergleich zur Richtung der Magnetisierung eine Verdoppelung des XMCD Effekts, was im Idealfall den einzigen verbleibenden Kontrast im Bild ergibt (siehe Abbildung 3.10, an der die senkrechte Magnetisierungskompontente gedreht wurde).

Intensitätskorrektur

Ein Grund für die zeitliche Änderung der Lichtquelle ist der Verfall der Elektronenpakete aufgrund der begrenzten Lebensdauer. Es folgt ein exponentieller Abfall der Intensität mit der Zeit und damit auch mit jedem aufgenommenen Pixel. Mit der Zerfallskonstanten λ gilt damit: $I(X,Y) \sim e^{-\lambda t(X,Y)}$. Die Konstante kann an die Änderung der Pixelintensität mit der Zeit gefittet werden. Die Pixelkoordinaten (X,Y) mit der Integrationszeit T_i müssen hierfür der realen Messzeit $t(X,Y)$ zugeordnet werden:

$$t(X,Y) = T_i \cdot (X_{ges} \cdot Y + X) \qquad (3.6)$$

Eine Korrektur dieses Effektes erzielt man durch ortsabhängige Division des transmittierten Signals durch die ortsabhängig korrigierte Amplitude:

$$I_I(X,Y) = \frac{I(X,Y)}{e^{-\lambda t(X,Y)}} \qquad (3.7)$$

3.1 Experimenteller Aufbau

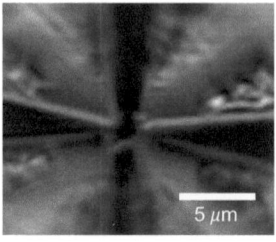  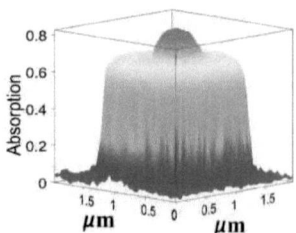

Abb. 3.11: Aufnahme der Kohlenstoffablagerung in der Mitte des Py Elements nach intensiver Messung. *Links: Lichtmikroskopaufnahme mit Hervorhebung der Probe und der Kohlenstoffablagerung. Mitte: REM Aufnahme (mit freundlicher Unterstützung von Marcel Mayer). Rechts: Experimentell bestimmte Absorption der Röntgenstrahlen durch die Probe. Die Intensität wird durch die mehr als $1\,\mu m$ dicke Kohlenstoffschicht halbiert (mittlerer roter Hügel).*

Weiter gibt es Fluktuationen der Intensität aufgrund von Schwingungen der Röntgenquelle selbst oder der Optik des Mikroskops. Abhängig von der Frequenz dieser Schwingungen können diese durch Bandpassfilter eliminiert werden.

Obwohl die Proben nach der Präparation relativ plan sind und deshalb auf ihrer Oberfläche nur geringe Intensitätsfluktuationen aufgrund von Unebenheiten aufweisen, wird durch die Röntgenmessungen sehr viel Kohlenstoff an der Probe angelagert. Die Folge ist ein starker Abfall der Intensität in Bereichen intensiver Messung (siehe Abbildung 3.11). Derartige Effekte beschränken im Allgemeinen die Messdauer auf einer Probe. Der Grund liegt nicht nur an einer Abnahme des Signal-Rausch-Verhältnisses aufgrund der geringeren Intensität um größenordnungsmäßig den Faktor 2, sondern vor allem um eine Inhomogenität der Absorption in der Probenmitte, welche eine Extraktion des viel kleineren magnetischen Kontrasts deutlich erschwert.

Driften

Meist aufgrund von Temperaturgradienten durch die Erwärmung von Stellmotoren oder durch Ohmsche Wärme aufgrund der Anregung der Probe kommt es zu Driften zwischen dem fokussierten Röntgenstrahl und der Probe. Kann die Entstehung dieser Gradienten nicht verhindert werden, weil zum Beispiel die zu erzeugende Magnetfeldstärke derartige Wärmeentwicklungen mit sich bringt, kann lediglich die Integrationszeit ausreichend verkürzt werden, um die effektive Driftlänge während der Aufnahme klein zu halten. Beim Rastermikroskop ist die Integrationszeit pro Pixel von wenigen $10\,ms$ sehr kurz im Vergleich zu typischen Driftzeiten, welche in der Größenordnung von $10\,nm/h$ liegen.

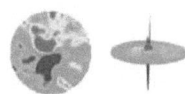

3.1 Experimenteller Aufbau

Anstelle einer Verwischung der gesamten Probe kommt es deshalb lediglich zu einer Verzerrung, welche prinzipiell durch eine Entzerrung korrigiert werden kann. Dies wird vor allem bei zeitaufgelösten Aufnahmen relevant, bei welchen die Integrationszeit aufgrund von mehreren Kanälen pro Pixel sehr viel länger ist.

Laterale Auflösung

Da die Wellenlänge des Röntgenlichts auf der Nickel-Kante mit ca. $852\,eV$ bei unter $1.5\,nm$ liegt, ist bei genügend hoher Pixeldichte die Ortsauflösung im Grunde durch die verwendete Optik limitiert. Im Speziellen entspricht sie annähernd der Breite des äußersten Ringes der verwendeten Fresnelschen Zonenplatte (siehe Gleichung 2.2). Die zur Zeit verwendeten Zonenplatten mit einem äußeren Ring von $25\,nm$ erlauben demnach eine laterale Auflösung von ca. $\delta_{Ray} \approx 30\,nm$. Es kann gezeigt werden, dass die Auflösung nach Rayleigh annähernd einer Faltung des realen Bildes mit einer Gaußfunktion der Standardabweichung $\sigma_R \approx \delta_{Ray}/2 \approx 15\,nm$ entspricht. Zur Veranschaulichung wird in erster Näherung auch der Vortexkern aus Abbildung 2.17 mit einer Gaußfunktion der Standardabweichung $10\,nm$ angenommen. Die Faltung einer Gaußfunktion mit einer Gaußfunktion ergibt wieder eine Gaußfunktion mit der Standardabweichung:

$$\sigma_{V,Bild} \approx \sqrt{\sigma_V^2 + \sigma_R^2} \qquad (3.8)$$

Es ergibt sich damit eine Standardabweichung des experimentellen Vortexbildes von $\sigma_{V,Bild} \approx 18nm$, was annähernd einer Verdoppelung der Kerngröße entspricht. Dieser Wert ist auch im Rahmen der Messgenauigkeit in Einklang mit der Beobachtung aus Abbildung 3.10.

Rauschen und Mehrphotonenereignisse

Für einen optimalen Kontrast im STXM spielt die Dicke der verwendeten Probe eine wichtige Rolle. Ist die Probe zu dünn, ist der exponentiell ansteigende XMCD Effekt sehr klein im Verhältnis zum transmittierten Licht und auch zum Rauschen. Ist andererseits die Probe zu dick, so hat man zwar einen sehr starken XMCD Effekt, jedoch ist die Statistik durch das wenige Restlicht sehr begrenzt und wird im ungünstigsten Fall total vom Signalrauschen überdeckt. Die optimale Dicke wird im Folgenden aus dem Signal-Rausch-Verhältnis (SNR) bestimmt.

Die Transmission des Röntgenlichts folgt einem exponentiellen Gesetz in Abhängigkeit von der Eindringtiefe des verwendeten Materials:

$$I = I_0 e^{-\mu x} \qquad (3.9)$$

μ ist der materialabhängige Absorptionskoeffizient. Da die Teilchendichte in Py annähernd im stöchiometrischen Verhältnis zum Eisen- und Nickelanteil ist, kann der Absorptionskoeffizient für lineares Licht auf der Nickel-L3 Kante bei ca. $852\,eV$ folgendermaßen

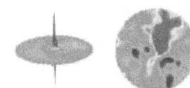

3.1 Experimenteller Aufbau

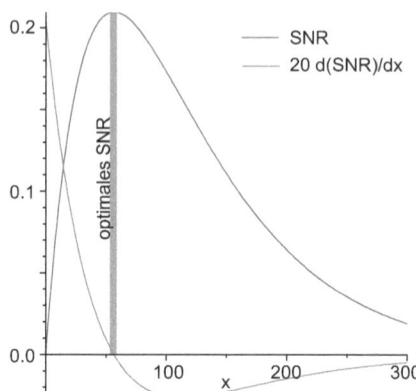

Abb. 3.12: Optimale Probendicke. *Berechnete optimale Probendicke über das Signal-Rausch-Verhältnis (SNR) und dessen Ableitung nach der Dicke (SNR').*

abgeschätzt werden:
$$\mu = 0.81\mu_{Ni} + 0.19\mu_{Fe} \tag{3.10}$$
Weiter ist der XMCD Effekt auf der Nickelkante ca. 15 %. Entsprechend erhält man für parallele und antiparallele Magnetisierung:

$$\mu_{\pm} = 0.81\mu_{Ni}(1 \pm 0.15) + 0.19\mu_{Fe} \tag{3.11}$$

Das typische Signal bei zeitaufgelöster Röntgenmikroskopie entspricht der Differenz aus Absorption bei paralleler Magnetisierung und senkrechter Magnetisierung. Als Signalrauschen wird weißes (Poissonsches) Rauschen mit der Standardabweichung entsprechend der Wurzel aus der Zählrate angenommen. Daraus ergibt sich das SNR:

$$SNR = \frac{I_0 \left(e^{-\mu_- x} - e^{-\mu x}\right)}{\sqrt{I_0 e^{-\mu_- x}}} = \sqrt{I_0}\left(e^{-\mu_-/2 \cdot x} - e^{-(\mu-\mu_-/2)x}\right) \tag{3.12}$$

Abbildung 3.12 zeigt das Signal-Rausch-Verhältnis bei konstanter Amplitude von 1 mit den Absorptionswerten von $\mu_{Fe} = 10.2\,1/\mu m$ [Hen11] und $\mu_{Ni} = 42.1\,1/\mu m$ [SS06] in Abhängigkeit von der Dicke x der *Py* Probe. Aus der Ableitung ist zu entnehmen, dass die optimale Dicke bei ca. $55\,nm$ liegt.

Um das Rauschen weiter zu reduzieren, können nachträglich Filter auf die entstandenen Bilder angewandt werden[4]. Diese glätten im Allgemeinen das Bild und vermitteln einen klareren Eindruck des Kontrasts. Allerdings führen sie auch zu einer Verschlechterung der Auflösung, welche im Falle eines Gaußfilters mit Formel 3.8 skaliert. In jedem

---
[4]Hier wurden im Wesentlichen Median- und Gaußfilter, sowie verschiedene Tiefpässe verwendet

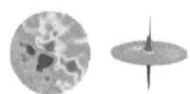

3.1 Experimenteller Aufbau

Fall wird das Rauschen entsprechend Gleichung 3.12 durch eine Verlängerung der Integrationszeit unterdrückt und skaliert mit deren Wurzel.

Schließlich muss beachtet werden, dass die Messeinrichtung an der verwendeten APD (Avanlanche Photo Diode) pro Paket immer nur einen Puls aufnehmen kann und damit nur zwischen keinem und mindestens einem Photon unterscheiden kann. Ist die Wahrscheinlichkeit für ein Ereignis pro Paket deutlich kleiner als 1, wird damit die Messung nur unwesentlich beeinträchtigt. Sobald sich dieser Wert jedoch an 1 annähert oder sogar überschreitet, kommt es zu einer Kompression der Amplitude bei hohen Zählraten durch Mehrphotonenereignisse pro Elektronenpaket, da diese immer nur einfach gezählt werden. Auf der Probe selbst zählt man typischerweise ein Photon pro 20 Pakete. Deshalb ist hier die Wahrscheinlichkeit für Mehrphotonenereignisse vernachlässigbar. Der Effekt kommt vor allem bei Messungen neben der Py-Probe zum Tragen, bzw. wenn die Intensität den typischen Wert überschreitet, wie beim Camshaft.

3.1.5 Dynamische Abbildungen

Der Speicherring an der BESSY II trägt 400 Pakete, welche mit einer Frequenz von etwa $500\,MHz$ den Undulator passieren und damit in der gleichen Frequenz Röntgenblitze aussenden. Wie bereits erwähnt sind jedoch einige der Elektronenpakete im Normalbetrieb nicht besetzt, während der Camshaft deutlich mehr Elektronen beinhaltet. Die Blitze werden durch die Optik des Mikroskops auf die Probe fokussiert. Das transmittierte Licht wird zeitaufgelöst mit Hilfe einer APD (Avalanche Photo Diode) detektiert [SPvW+04]. Die Synchronisation der periodischen Anregung mit der Zeitstruktur der Lichtquelle ermöglicht damit eine relative Zuordnung der zeitabhängigen Bildinformationen. Dies wird im Folgenden erläuterten stroboskopischen Messverfahren ausgenutzt, um hochaufgelöste Filme der Magnetisierungsdynamik zu erzeugen. Diese Filme enthalten so statistische Aussagen durch rund $1 \cdot 10^6$ Messungen pro Pixel.

Synchronisation

Zur zeitaufgelösten Messung eines periodischen Signals werden die Transmissionssignale von einem synchronisierten FPGA den verschiedenen Kanälen zugeordnet (siehe auch Abbildung 3.13). Das von der BESSY zur Verfügung gestellte Referenzsignal $f_s = 500\,MHz$ wird weiter zur Synchronisation des Signalgenerators auf Abbildung 3.1 verwendet und ermöglicht damit die Synchronisation der Hochfrequenzanregung mit der Lichtquelle und der Datenerfassung. Bei einer zeitaufgelösten, stroboskopischen Aufnahme einer periodischen Anregungssequenz der Länge $T_C = 1/f_C$ wird nun jeder Röntgenblitz einer Zeit $< T_C$ zugeordnet. Der $(N+1)$-te Kanal muss also in der relativen Zeit der Anregungssequenz wieder mit dem ersten Kanal übereinstimmen. Es muss also für die Kanalzahl N bezüglich T_C gelten: $N \cdot 2ns = M \cdot T_C$. Dabei ist M eine natürliche Zahl.

3.1 Experimenteller Aufbau

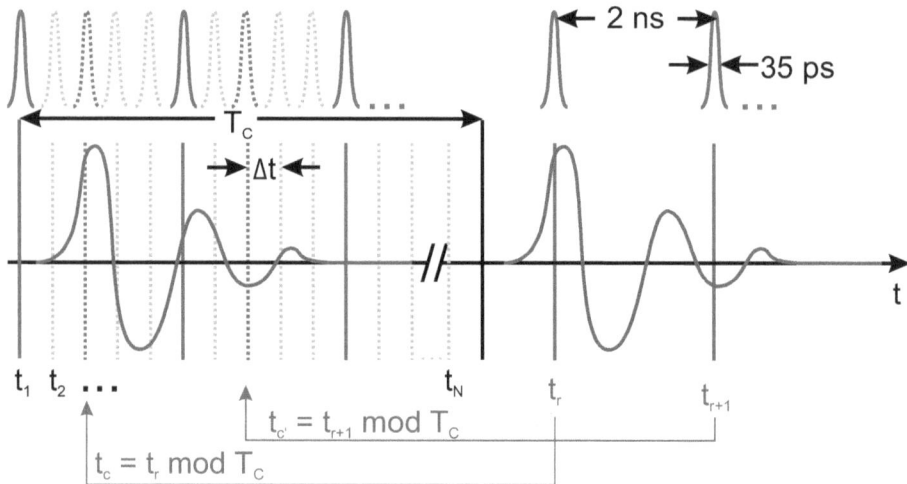

Abb. 3.13: Prinzip der stroboskopischen Abbildungsmethode. *Die reale Zeit der Bildinformationen des sich wiederholenden Anregungszyklus wird der Zeit eines einzelnen Anregungszyklus zugeordnet. So lassen sich beliebig kleine Zeitschritte erzielen. Die Modulo-Operation mod gibt den Rest einer Division zurück.*

3.1 Experimenteller Aufbau

Um die Spinwellen abbilden zu können, muss weiter die GHz Anregungsfrequenz f_G ein ganzzahliges Vielfaches von f_C sein. Mit der natürlichen Zahl n gilt also: $f_G = nf_C$. Damit ergibt sich folgende Bedingung:

$$Nf_C = \frac{N}{n}f_G = Mf_S \quad (3.13)$$

Die Schrittweite pro Zeitschritt während des Zyklus entspricht der Zykluslänge dividiert durch die Kanalzahl N:

$$\Delta t = T_C/N \quad (3.14)$$

Die Zahl n wird im Grunde durch die Teiler des Synchronisationsmoduls auf Abbildung A.1 realisiert. Die experimentelle Realisierung stellt dabei noch folgende Bedingungen: Da die wahre Frequenz durch einen Frequenzteiler /2 im Pulser realisiert wird, ist durch die Teilerkette $2f_C$ eingestellt, also $/(n/2)$. Da die maximale Eingangsfrequenz des einstellbaren Teilers $1\,GHz$ ist, muss das Signal je nach Frequenz zunächst durch eine Kette aus Teilern durch 2 geteilt werden. Abhängig davon, ob hier zwei oder drei verbaut sind, muss n folglich durch 8 oder 16 teilbar sein[5].

Sortierung

Der Abstand zwischen zwei Röntgenblitzen beträgt immer $2ns$. Zwischen zwei Röntgenblitzen befinden sich also $2ns/\Delta t$ Zeitschritte. Ist die fortgeschrittene Realzeit t_N dabei länger als die Periode T_C des Anregungszyklus, so wird die Zeit im Zyklus t_c mit $c \in \{1..N\}$ um ganzzahlige Vielfache von T_C gekürzt (vergleiche Abbildung 3.13):

$$t_c = t_r \bmod T_C \iff c = (r \cdot M) \bmod N \quad (3.15)$$

Dabei ist t_r die reale Messzeit und r dessen fortlaufender Index. Der Operator mod gibt den Rest aus einer Division zurück. Die restlichen Variablen entsprechen denen aus Abschnitt 3.1.5. In der damit bestimmten Reihenfolge können die Bilder dann der relativen Anregungszeit zugeordnet und damit sortiert werden. Die absolute Zeit bezüglich der Anregung muss manuell durch die Beobachtung der Magnetisierung im Vergleich zur Anregung vorgenommen werden.

Temporale Auflösung

Mit der beschriebenen Messmethode wurden zeitaufgelöste Messungen mit Zeitschritten deutlich unter 10 ps aufgenommen. Die Einzelbilder sind jedoch in diesem Fall miteinander korreliert, da die Zeitauflösung durch die Paketbreite der Elektronen des Speicherringes von ca. $30\,ps$ beschränkt ist. Näherungsweise entspricht der Effekt der

---
[5] Alternativ kann je nach Anforderung die Frequenz hinter der Teilerkette wieder beliebig oft mit 2 multipliziert werden.

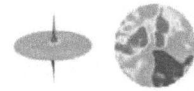

3.1 Experimenteller Aufbau

begrenzten Zeitauflösung einer Faltung der realen Magnetisierungsevolution mit einer Gaußfunktion der Breite $30\,ps$ über die Zeit. Schließlich muss noch mit Fluktuationen zwischen dem Anregungs- und dem Probesignal durch die verwendeten Geräte gerechnet werden, welches jedoch unterhalb der zeitlichen Breite der Elektronenpakete liegt.

Statistik

Anhand eines typischen Beispiels soll die äußerst gute Statistik bei dem hier verwendeten stroboskopischen Messverfahren deutlich gemacht werden. Es soll dazu ein Film mit einer Auflösung von 80×80 Pixeln mit 1000 Bildern einer sich alle $10\,ns$ wiederholenden Anregungssequenz betrachtet werden. Eine typische Integrationszeit pro Pixel ist hier $1\,s$.

Aufgrund des Transmissionsverhaltens des in dieser Arbeit untersuchten Probensystems trägt rund jedes zehnte Elektronenpaket mit einem Photon zur Statistik bei. Die Wiederholrate an der BESSY beträgt $500\,MHz$. Die Integrationszeit von einer Millisekunde pro Kanal und Pixel entspricht dann einer Zählrate von ca. 50000. In dieser Zeit hat sich das Experiment $100 \cdot 10^6$ wiederholt. Über alle Pixel hinweg wird das Experiment mit jeder Aufnahme $160 \cdot 10^9$ mal durchgeführt.

Mit Hilfe dieser hohen Statistik wird sicher gestellt, dass nur deterministische Vorgänge einen Kontrast liefern, während zufällige Ereignisse weggemittelt werden.

3.1.6 Datenaufbereitung

Obwohl jede Aufbereitung und Rauschunterdrückung eine Verschlechterung der temporalen und lateralen Auflösung bedeuten, zeigt sich, dass eine geschickte Kombination aus lateralen und temporalen Filter- und Normierungsverfahren deutlich mehr Details zutage fordern. Neben den in Abschnitt 3.1.4 vorgestellten Nachbearbeitungen werden in der Zeitachse die folgenden Methoden verwendet.

Normierung

Die Intensität pro Paket hängt von dessen Elektronenpopulation ab, welche teilweise stark variiert. Insbesondere der Camshaft ist deutlich stärker besetzt und die 50 benachbarten Pakete sind leer. Oftmals kommt es vor, dass bestimmte Pakete nur zu bestimmten Zeitschritten beitragen, weshalb im Allgemeinen die Gesamtintensität je Momentaufnahme stark schwanken kann. Folglich ist es üblich, Bilder durch ihre mittlere Intensität zu teilen, so dass die Durchschnittsintensität immer 1 ergibt und die Fluktuationen der ortsabhängigen Transmission wie der Magnetisierung der Abweichung davon entsprechen. Solange es nur symmetrische Störungen der Magnetisierung gibt, kompensiert dieser Effekt die beschriebenen Unterschiede der Strahlungsintensität, sowie Unterschiede in der Transmission, welche nicht von der Magnetisierung abhängen. Details

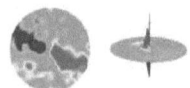

3.1 Experimenteller Aufbau

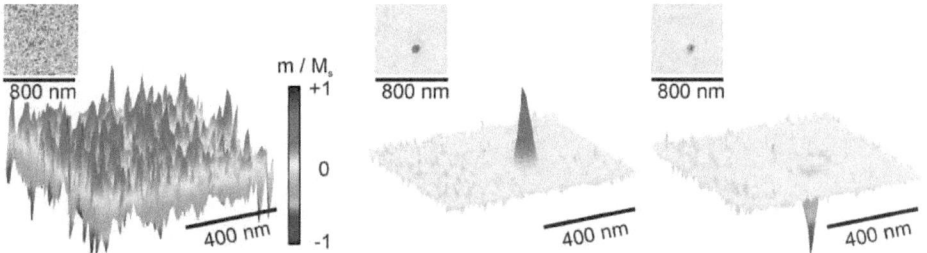

Abb. 3.14: Erhöhung des SNR durch Summation von Bilder. *Links ist eine Momentaufnahme einer zeitaufgelösten Messung eines ruhenden Vortexkerns dessen Magnetisierung nach oben zeigt. Der Kontrast durch die Magnetisierung wird durch das Rauschen komplett unterdrückt. In der Mitte ist derselbe Vortexkern durch Summation von 333 aufeinanderfolgenden Bildern dargestellt. Man erhält einen sehr deutlichen Kontrast. Rechts ist die entsprechende Summation eines Vortex down.*

dieser Methode und Methoden, um die Nachteile dieser Methode abzuschwächen, sind im Anhang zu finden.

Frequenzfilter

In dieser Arbeit werden Proben betrachtet, deren Anregungsspektrum laut theoretischen Vorhersagen auf unter $15\,GHz$ beschränkt ist. Zwar gibt es auch Moden mit höheren Frequenzen, jedoch ist die Kopplung der Anregungsfelder zu schwach, um diese signifikant anzuregen[6]. Deshalb kann bei allen höherfrequenteren Fluktuationen in der Zeit davon ausgegangen werden, dass diese vom Rauschen herrühren. Zur Rauschunterdrückung in der Zeitachse werden deshalb Tiefpassfilter mit variabler Abschneidefrequenz und Abschneidebreite verwendet.

Summation von Bildern

Bei zeitaufgelösten Messungen ändert sich die Magnetisierung im Wesentlichen während und kurz nach der Anregung. Um ein besseres Bild des Vortexkerns zu erhalten, bzw. seine Polarisation zu bestimmen, lässt sich das SNR stark erhöhen (mit dem Faktor $\sqrt{\#Bilder}$), indem man viele aufeinanderfolgende Bilder des quasistatischen Vortexkernes während der Relaxationsphase aufaddiert. Dies ist auf Abbildung 3.14 durch Summation von 333 Bilder verdeutlicht. Während man den Vortexkern auf einer einzelnen Momentaufnahme (links) nicht erkennen kann, hat sich das SNR um den Faktor 18 verbessert. So wird die Polarität zwischen zwei Bursts eindeutig erkennbar, wenn

---
[6]Es gibt eine Ausnahme

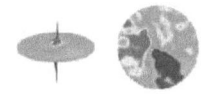

die Polarität zu einem festen Zeitpunkt während des stroboskopischen Messverfahrens deterministisch ist. Diese Methode kann weiter mit der XMCD Methode kombiniert werden, also die Division von Bildersummen, welche durch einen Magnetfeldburst getrennt sind (siehe Abschnitt 3.1.4). So wird die Polarisation im Falle eines Umschalten des Vortexkerns zwischen zwei Burst sehr viel deutlicher visualisiert.

3.2 Simulationen

Sowohl für Vorhersage und Planung künftiger Experimente, als auch zur Interpretation der experimentellen Ergebnisse wurden umfangreiche Simulationen durchgeführt. Im Folgenden wird ein kurzer Überblick über das verwendete Programm zur Lösung der Landau-Lifschitz-Gilbert Gleichung – Object Oriented Micromagnetic Framework (OOMMF) [DP99] – gegeben. Es folgt eine Erläuterung zur Auswertung der gewonnenen Simulationsdaten. Der Abschnitt schließt mit der Beschreibung eines eigens entwickelten Steuerprogramms von OOMMF, um systematisch hochdimensionale Parameterräume zu untersuchen.

3.2.1 Der OOMMF Code

Mithilfe einer MIF-Textdatei kann ein mikromagnetisches Problem definiert und an den finite Differenzen Löser übergeben werden. Die Datei beinhaltet:

- Laterale Dimensionen in x,y und z-Richtung
- Zellgröße in x,y und z-Richtung[7]
- Uniaxiale Anisotropiekonstante K[8]
- Ortsabhängige Sättigungsmagnetisierung M_s
- Gilbertdämpfung α
- Austauschkonstante A
- Zeitabhängiges Magnetfeld $\vec{B}$ und $\dot{\vec{B}}$

Der Code löst die Landau-Lifschitz-Gilbert-Gleichung

$$\frac{d\vec{M}}{dt} = -\|\gamma\|\vec{M}\times\vec{H}_{eff} - \frac{\|\gamma\|\alpha}{M_s}\vec{M}\times\left(\vec{M}\times\vec{H}_{eff}\right) \qquad \vec{H}_{eff} = -\frac{1}{\mu_0}\frac{\partial E}{\partial \vec{M}} \qquad (3.16)$$

---
[7]In lateraler Richtung wurde eine Zellgröße von $3\,nm$ gewählt, was deutlich unterhalb der Austauschlänge liegt. Zur Steigerung der Rechenleistung ist es üblich, in z-Richtung immer nur eine Zelle zu verwenden
[8]Für Py wird $K=0$ angenommen.

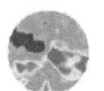

3.2 Simulationen

mit einem Runge-Kutta-Fehlberg Verfahren RK5(4)7FC [DP80, DP86]. Die Energiedichte E wird nach der Brownschen Gleichung ermittelt [Bro78] und führt auf das effektive Feld aus Gleichung 2.21. Aufgrund der fehlenden Anisotropie geht in das effektive Feld neben dem Zeemannterm lediglich der Austausch- und der Streufeldterm mit ein:

$$\vec{H}_{eff} = \vec{H}_Z + \frac{2A}{\mu_0 M_S^2}\Delta\vec{M} + \frac{1}{2}\vec{H}_s(\vec{M})$$

Die zeitabhängige Magnetisierung $m(x,y,t)$ wird in einer Binärdatei genauso ausgegeben wie die folgenden Parameter in einer Textdatei mit der gewünschten Schrittweite in der Zeit δt^9:

- Zeitschritt t

- Maximale zeitliche Änderung der Magnetisierung $\max_{x,y,z}(dm/dt)$

- Die angelegten Magnetfelder $\vec{B}$

- Die maximale Spinwinkeländerung $\max\left(\angle\left(\vec{M},\Delta\vec{x}\right)\right)$

- Die Netto-Magnetisierung $\vec{m}_{ges} = \sum_{x,y}\vec{m}$

- Austauschenergie zwischen nächsten Nachbarn $\mathcal{N}$ im Abstand von Δ_{ij} mit der Austauschkonstanten A_{ij}: $E_i = \sum_{j \in \mathcal{N}} \frac{A_{ij}}{\Delta_{ij}^2}\vec{m}_i \cdot (\vec{m}_i - \vec{m}_j)$.

- Magnetostatische Selbstenergie nach [NWD93] und [Aha98]

- Zeemannenergie (siehe 2.11) $\mathcal{E}_Z := -\mu_0 M_s \int dV \vec{H}_{ext}\vec{m}$

Mithilfe einer Erweiterung von Michael Curcic [Cur10], dem sogenannten Vortextracker, werden zusätzlich folgende Werte ausgegeben:

- Maximale und minimale Magnetisierung: $\max_{x,y}(m_z), \min_{x,y}(m_z)$

- Koordinaten der maximalen und minimalen Magnetisierung: $x_{max}, y_{max}, x_{min}, y_{min}$

Der Vortextracker wurde zur Untersuchung von zylinderförmigen Vortexstrukturen modifiziert. Die genannten Daten werden mit den im Folgenden beschriebenen Analysemethoden weiterverarbeitet.

3.2 Simulationen

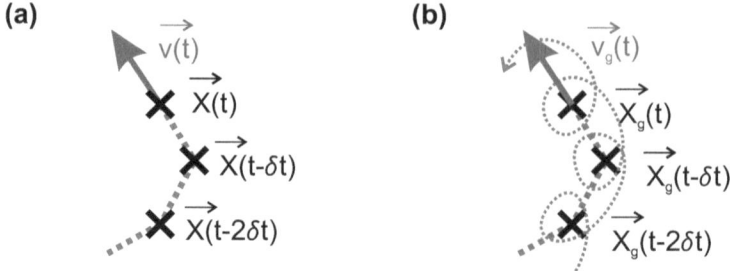

Abb. 3.15: Illustration zur Bestimmung der Geschwindigkeit des Vortexkerns und seines Gyrationszentrums. *a: Die Länge des Polygonzugs über mehrere Zeitschritte wird bestimmt und durch die Gesamtzeit geteilt. b: Die Geschwindigkeit des Gyrationszentrums v_g wird durch Mittelung über jeweils eine Periode der Anregungsfrequenz bestimmt.*

3.2.2 Datenauswertung

Position und Geschwindigkeit der minimalen und maximalen Magnetisierung

Die Koordinaten und auch der Absolutwert, welche der Vortextracker zurückgibt, können als Position des Vortexkerns, sowie eines Dips mit entgegengesetzter z-Magnetisierung interpretiert werden. Sie sind aufgrund der Diskretisierung in der Genauigkeit durch die Zellgröße von typischerweise $3-5\,nm$ beschränkt. Um einen präziseren Wert zu erhalten, wurde ein Feld der z-Magnetisierung von 5x5 Zellen um das Maximum ausgeschnitten. Mit der Annahme, dass aufgrund der Form des Vortexkerns und des Dips in diesem Bereich die Änderungen der Ordnung $O(r^3)$ klein sind, wurde zur präziseren Bestimmung der Extrema ein Paraboloid gefittet. Die Position des Exptremums wird im Folgenden mit $\vec{X}(t)$ bezeichnet.

Den bewegten Objekten kann weiter eine Geschwindigkeit v zugeordnet werden. Im Allgemeinen wird hierzu der Quotient aus der Länge des durch $\vec{X}(t)$ aufgezeichneten Polygonzuges aus p Punkten mit der dafür benötigten Zeit $p \cdot \delta t$ verwendet (siehe auch Abbildung 3.15 a). Die Vektornorm $\Delta X(t) = ||\vec{X}(t) - \vec{X}(t - \delta t)||$ beschreibt dabei den in der Zeit δt zurückgelegten Weg. Eine Mittelung über mehrere Zeitschritte ergibt:

$$v(t) = \frac{1}{p \cdot \delta t} \sum_{i=0}^{i<p} (\Delta X(t - i\delta t)) \qquad (3.17)$$

Anstelle der Kreissegmente selbst werden bei dieser Berechnung deren Sehnen addiert. Es soll nun gezeigt werden, dass diese Näherung einen vernachlässigbaren Fehler liefert,

---
[9]i.A. wurde $\delta t = 2\,ps$ verwendet.

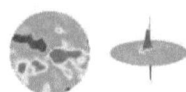

3.2 Simulationen

da die Richtungsänderung pro Zeitschritt hinreichend klein ist. Der Fehler wird umso größer, je größer die Richtungsänderung pro Zeitschritt ist. Man kann nun von einer typischen Rotationsfrequenz von $5\,GHz$ ausgehen und verwendet die übliche Zeit von $2\,ps$ pro Zeitschritt. Es folgt daraus ein Winkelelement von $2\pi/100 \approx 0.02\,\pi$, was einer Differenz von $0.016\,\%$ pro Zeitschritt entspricht. Typischerweise werden etwa 5 Zeitschritte aufsummiert, um numerisches Rauschen wegzumitteln. Der berechnete Fehler addiert sich hier, womit eine noch immer vernachlässigbare Gesamtabweichung von $0.08\,\%$ folgt.

Oftmals wird die schnelle Vortexgyration aufgrund des äußeren rotierenden Feldes durch eine langsame Gyration aufgrund der Kopplung an die gyrotrope Mode des Vortexkerns überlagert. Um letztere Bewegung zu extrahieren, wird die Geschwindigkeit des Gyrationszentrums $\vec{v}_g$ bestimmt. In Gleichung 3.17 wird hierzu $\vec{X}$ durch $\vec{X}_g$ und v durch v_g substituiert, welches für jeden Zeitschritt eine Mittelung der Vortexposition über eine Periode T der schnellen GHz Anregung ist. Mit $M := T/\delta t$ gilt dann:

$$\vec{X}_g(t) = \frac{1}{M} \sum_{i=0}^{i<M} \vec{X}\left(t - i \cdot \delta t\right) \qquad (3.18)$$

Vortexkernschalten

Vortexkernschalten tritt bei den hier betrachteten Fällen nur dann ein, wenn lokal ausreichend Energie zur Aufspaltung eines Dips in ein Vortex-Antivortex-Paar stattfindet. Der entstandene Antivortex kann nun mit dem ursprünglichen Vortex anihilieren. Dabei nähern sich die in entgegengesetzte Richtungen polarisierten Gebilde immer mehr an, bis sie sich unter Aussendung von Spinwellen gegenseitig auslöschen. In diesem Moment rotieren die zuvor noch in beide Richtungen der z-Achse zeigenden Magnetisierungen abrupt in die Ebene. Ein guter Indikator für Vortexkernschalten ist deshalb der aus der Simulation erhaltene Wert $\max_{\vec{x}}\left(\|d\vec{M}/dt\|\right)$, welcher einen starken Ausschlag zum Zeitpunkt der Anihilation zeigt. Zur automatischen Auswertung muss der Schwellwert an die jeweils simulierte Probe angepasst werden.

Auflösungskorrekturen

Um einen sinnvollen Vergleich zwischen Experiment und Simulation zu erzielen, werden die Simulationen teilweise künstlich mit der experimentellen Auflösungsgrenze gefaltet. Bei dieser diskreten Faltung werden die Varianzen der Auflösung in Raum und Zeit $(\sigma_x, \sigma_y, \sigma_t)$ in Einheiten der Zelldiskretisierung angepasst, bis hinreichende Übereinkunft erzielt wird. Für eine annehmbare Rechenzeit wurde das Faltungsintegral außerhalb von der dreifachen Halbwertsbreite $(\Delta\nu = 3 \cdot 2\sqrt{2\ln 2}\sigma)$ abgeschnitten, womit noch immer mehr als $99.8\,\%$ des Gewichtungsfaktors berücksichtigt sind.

3.2 Simulationen

3.2.3 Steuerung von OOMMF

Zur systematischen Untersuchung großer Parameterräume wurde im Rahmen dieser Arbeit ein Steuerungsprogramm (runoommfpar.pl) in der Skriptsprache Perl erstellt. Diesem Programm wird ein Template (Mifgen.gen) übergeben, in welchem man die zu simulierenden Parameterräume in Grenzen und Schrittweiten festlegt. Durch einen rekursiven Aufruf wird gewährleistet, dass beliebig viele Dimensionen, sowie beliebig viele Parameterpunkte abgerastert werden können. Das Template, sowie eine Organisationsdatei (scan.log) befinden sich an einem zentralen Speicherort (hier: dynscratch auf der Physix). Im scan.log werden die bereits simulierten Parameterpunkte hinterlegt und referenziert, so dass beliebig viele Prozesse von beliebig vielen Rechnern darauf zugreifen können. Ein gleichzeitiges Schreiben mehrerer Prozesse, was zu Fehlern führen würde, wird durch einen Dämonprozess (hostdaemon.pl) verhindert, indem er immer nur einem Prozess Lese- und Schreibzugriff auf die zentrale Datei (scan.log) gewährt.

Identifiziert das Programm runoommfpar.pl einen noch nicht simulierten Parameterpunkt, so erstellt es eine Konfigurationsdatei (mif-Datei) für diese spezielle Simulation und startet diese lokal. Je nach Einstellung wird eine Simulation auf mehrere Prozessorkerne verteilt, oder aber es wird jedem Prozessorkern eine Simulation zugeteilt. Sobald die Simulation beendet ist, werden die Dateien archiviert und an dem zentralen Ort hinterlegt, wonach die Referenz im scan.log angelegt wird.

Findet das Programm keine zu berechnende Simulation mehr, so beendet es sich selbst, nachdem es eine Benachrichtigungsemail auf die hinterlegte Emailadresse versandt hat. Die Eingabe der gewünschten Knoten des Parameterraums in der MIF-Datei erfolgt wahlweise über eine Liste von Einzelwerten, Intervallen mit festen Schrittweiten, oder aber über Eingabe von monotonen Funktionen, deren Funktionswert über einen Laufindex bestimmt wird.

Weiter können gleichzeitig von den Parametern abhängige Variablen durch die Eingabe von Formeln angepasst werden (zum Beispiel ist die benötigte Simulationszeit abhängig von der Anregungszeit, bzw. der Frequenz).

Im Zuge dieser Arbeit angefertigte Auswertungs- und Analyseroutinen in Igor Pro[10] mit einem Umfang von über 10'000 Zeilen Code werten die gewonnenen Simulationsdaten umfassend aus und archivieren die Ergebnisse. Ein weiteres Programm ermöglicht die Darstellung der wichtigsten Größen wie die Vortexgeschwindigkeit, Energien, Schaltzeiten, ... in einem bis zu dreidimensionalen Phasenraum. Per Mausklick auf einen Punkt in diesem Phasenraum lassen sich damit sämtliche Daten für diese spezielle Simulation zur genaueren Ansicht laden. Dies sind zum Beispiel die dreidimensionale Magnetisierung über die Simulationszeit, die lokale Fouriertransformation über die Frequenz, die Position des lokalen Minimums / Maximums über die Zeit, die Anregungsamplitude, die Energieterme, ...

---

[10]Igor Pro ist ein kommerzielles wissenschaftliches Programm zur Analyse von großen Datenstrukturen. Hersteller ist die Firma Wavemetrics, Lake Oswego, OR, USA

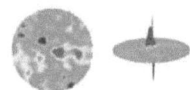

3.3 Analytische Methoden

Zwei wichtige Analysemethoden, welche in dieser Arbeit eine zentrale Bedeutung haben, werden im Folgenden vorgestellt.

3.3.1 Lokale Fouriertransformation

Um einen Überblick über das Modenspektrum der z-Magnetisierung zu erhalten, wurde an jedem Punkt im Ortsraum eine Fouriertransformation über die Zeit durchgeführt. Man erhält damit für jeden Punkt im Ortsraum eine frequenzabhängige Amplitude A_z und Phase $\Phi_{z,0}$ [BHH+04]:

$$A_z(f,x,y) = \Re\left(\sum_j m_z(t_j)e^{-i2\pi f t_j}\right) \quad (3.19)$$

$$\Phi_{z,0}(f,x,y) = \Im\left(\sum_j m_z(t_j)e^{-i2\pi f t_j}\right) \quad (3.20)$$

Besonders aus den Phasenbildern lassen sich sehr einfach die Eigenmoden des Systems bei bestimmten Frequenzen identifizieren. Das Auffinden der Frequenzen erfolgt dabei mit Hilfe der über das Element gemittelten ($A_{z,mean}(f)$) oder aber der maximalen ($A_{z,max}(f)$) Amplitude:

$$A_{z,max}(f) = \max_{x,y} A_z(f,x,y) \quad (3.21)$$

$$A_{z,mean}(f) = \frac{1}{N_x N_y}\sum_{i,j} A_z(f,x_i,y_j) \quad (3.22)$$

Während $A_{z,mean}$ ein Indikator für die Anregung des gesamten Systems darstellt, ist $A_{z,max}$ sehr sensibel gegenüber lokalen Anregungen, welche in der ersten Größe weggemittelt würden. Da die Fläche des Vortexkernes selbst auch sehr klein ist gegenüber der Gesamtfläche des Systems, wird erwartet, dass hier speziell Phänomene offenbar werden, welche den Vortexkern betreffen.

3.3.2 Rotierendes Bezugssystem

Die kontinuierliche Anregung unterhalb der Schaltschwelle des Vortexkerns führt nach hinreichend langer Zeit zu einem quasistationären Zustand. Dieser Zustand hängt von der Amplitude und der Frequenz des äußeren Feldes ab. Im Idealfall rotiert eine konstante Magnetisierungsstruktur mit gleicher Frequenz und gleichem Drehsinn um den Mittelpunkt der betrachteten Vortexstruktur. Um diesen stationären Zustand aus den experimentellen Daten besser extrahieren zu können, werden alle aufgenommenen Bilder

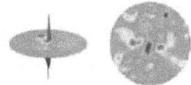

3.3 Analytische Methoden

nach einer Phasenkorrektur des Rotationswinkels aufaddiert. Bei einer Aufnahme von N Kanälen pro Periode der GHz Frequenz ergibt sich ein Phasenwinkel pro Zeitschritt $\Delta\phi = \pm 2\pi/N$, wobei das Vorzeichen vom Drehsinn abhängt und die Rotation entgegen des Drehsinnes angewandt wird. Abhängig vom Zeitschritt wird nun jedes Bild durch eine Rotationsmatrix $\bar{R}(\alpha) = \begin{pmatrix} \cos\alpha & -\sin\alpha \\ \sin\alpha & \cos\alpha \end{pmatrix}$ um den vorher zu bestimmenden Mittelpunkt $(\vec{x}_m = x_m, y_m)$ in ein mitrotierendes Bezugssystem transformiert. Für die mittlere Magnetisierung der stationär rotierenden Struktur ergibt sich damit:

$$\vec{M}_z(\vec{x}) = \sum_{\nu=0}^{\nu<N} \vec{M}_z\left(\vec{x}_m + \bar{R}(\pm\nu\Delta\phi) \cdot (\vec{x} - \vec{x}_m)\right) \tag{3.23}$$

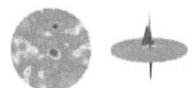

4 Ergebnisse und Diskussion

Mit Hilfe von zeitaufgelöster Röntgenmikroskopie, sowie ausgedehnten mikromagnetischen Simulationen wurde die Magnetisierungsdynamik von Vortexstrukturen unter Einfluss von GHz Feldern untersucht. Der Schwerpunkt in dieser Arbeit lag dabei in der resonanten Anregung von magnetostatischen Spinwellen und deren Fähigkeit, den sonst stabilen Vortexkern resonant umschalten zu können. Unter Berücksichtigung der Vorüberlegungen aus den einleitenden Kapiteln bezüglich der optimalen Mess- und Simulationsbedingungen wurde, wenn nicht anders erwähnt, ein Probensystem aus Py mit einer Dicke von $50\,nm$ und einem Durchmesser von $1.6\,\mu m$ untersucht. Mit Hilfe des neuen MAXYMUS konnten erstmals die angeregten azimutalen Spinwellen in der Vortexstruktur mit einem Röntgenmikroskop untersucht werden. Die einzigartige Kombination einer Ortsauflösung von unter $25\,nm$ bei einer Zeitauflösung von ca. $35\,ps$ ermöglichte dabei die Beobachtung entscheidender physikalischer Details.

In einem ersten Schritt wird das Probensystem durch eine breitbandige Anregung bezüglich seines Spinwellenspektrums mit Hilfe von lokalen Fouriertransformationen untersucht. Die so gefundenen azimutalen Moden werden anschließend durch Anlegen von homogenen, rotierenden und in der Ebene liegenden Feldern direkt adressiert und beobachtet. Die Dynamik wird dabei experimentell und mit Hilfe von mikromagnetischen Simulationen genauer analysiert. Zur Erklärung der beobachteten signifikanten Unterschiede zwischen entgegengesetzt rotierenden Moden auf kleinen Skalen wird ein anschauliches Modell vorgestellt. Basierend auf diesen Ergebnissen werden im darauffolgenden Abschnitt die azimutalen Spinwellen ausgenutzt, um die Polarität des Vortexkerns selektiv und resonant umzuschalten. Sowohl die resonante Dynamik, als auch der Schaltvorgang selbst wird im Anschluss genauer untersucht und analysiert. Im Hinblick auf technische Anwendungen befasst sich der letzte Abschnitt mit der Frage, wie schnell der Vortexkern im Endeffekt geschaltet werden kann. Hier wird ein verzögertes Schalten beobachtet und mit Hilfe von geometrischen Überlegungen erklärt, mit dessen Hilfe Vorhersagen zur Optimierung der Schaltzeit gemacht werden können. Am Ende des Kapitels folgt eine Zusammenfassung, sowie ein Ausblick der hier gefundenen Ergebnisse.

4.1 Bestimmung des magnetostatischen Eigenspektrums

4.1.1 Magnetisierungsdynamik nach einer breitbandigen Anregung

In dieser Arbeit wird experimentell gezeigt, dass sich die Polarität des Vortexkerns nicht nur durch Anregung der gyrotropen Mode, sondern auch durch Anregung der viel höherfrequenten magnetostatischen Spinwellen resonant umschalten lässt. Aufgrund der eingangs beschriebenen Frequenzaufspaltung (siehe Abschnitt 2.3.3) zwischen entgegengesetzt rotierenden azimutalen Moden eröffnete sich weiter die Möglichkeit, einzelne Moden gezielt durch rotierende Felder anzuregen und damit den Vortexkern unidirektional zu schalten. Die benötigten Anregungsfrequenzen entsprechen dabei den Eigenfrequenzen der azimutalen Moden. In einem ersten Schritt wird deshalb zunächst das Eigenspektrum der hier verwendeten Probe mit Hilfe einer breitbandigen, linearen Anregung analysiert.

Die Präzession der Magnetisierungskonfiguration einer relaxierten Vortexstruktur in einem homogenen Magnetfeld stimmt nach Abschnitt 2.3.3 qualitativ mit der Struktur von azimutalen Spinwellen der Modenindices ($n = 1, m = \pm 1$) überein. Es wird also erwartet, dass primär diese Moden durch die homogenen, in der Ebene liegenden Felder angeregt werden und ihre Dynamik beobachtet werden kann. Die Eigenfrequenzen werden anschließend mit Hilfe einer lokalen Fourieranalyse extrahiert.

Zunächst wird ein negativ polarisierter Vortexkern ($p = -1$) experimentell untersucht. Dazu wird ein möglichst kurzer linearer Feldburst mit einer Gesamtlänge (FWHM) von $150\,ps$ angelegt. Aus der Stromstärke durch die Kreuzmitte lässt sich eine maximale Amplitude von rund $2.3\,mT$ ableiten (siehe Abschnitt 3.1.2). Das Anregungssignal ist im unteren Teil von Abbildung 4.1 gezeigt. Der obere Teil des Bildes zeigt Momentaufnahmen der z-Magnetisierung während und nach dem Puls. Zusätzlich wird diesen Bildern die Magnetisierung aus vergleichbaren Simulationen gegenübergestellt. Ein Vergleich der Bilder zeigt eine qualitativ gute Übereinstimmung zwischen den Experimenten und der Simulation[1].

Bedingt durch den experimentellen Aufbau zeigt die positive Magnetfeldrichtung diagonal nach rechts unten. Wie durch die Landau-Lifschitz-Gleichung beschrieben, präzediert die Magnetisierung nach der rechten Hand Regel um das effektive Feld, welches anfänglich ausschließlich durch das äußere Feld gegeben ist. Dies führt zur Ausbildung einer bipolaren Struktur der senkrechten Magnetisierung (siehe Abschnitt 2.3.3). Der

---

[1]Trotz der weitgehenden Übereinstimmung zwischen Experiment und Simulation fallen doch armartige Strukturen in den experimentellen Bildern auf, welche aufgrund der Symmetrie schwer durch Probenrauigkeit erklärt werden können. Die Ursache dieses Phänomens konnte im Rahmen dieser Arbeit nicht geklärt werden. Des Weiteren weisen die Simulationen eine leicht schnellere Dynamik auf.

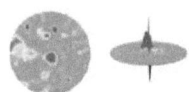

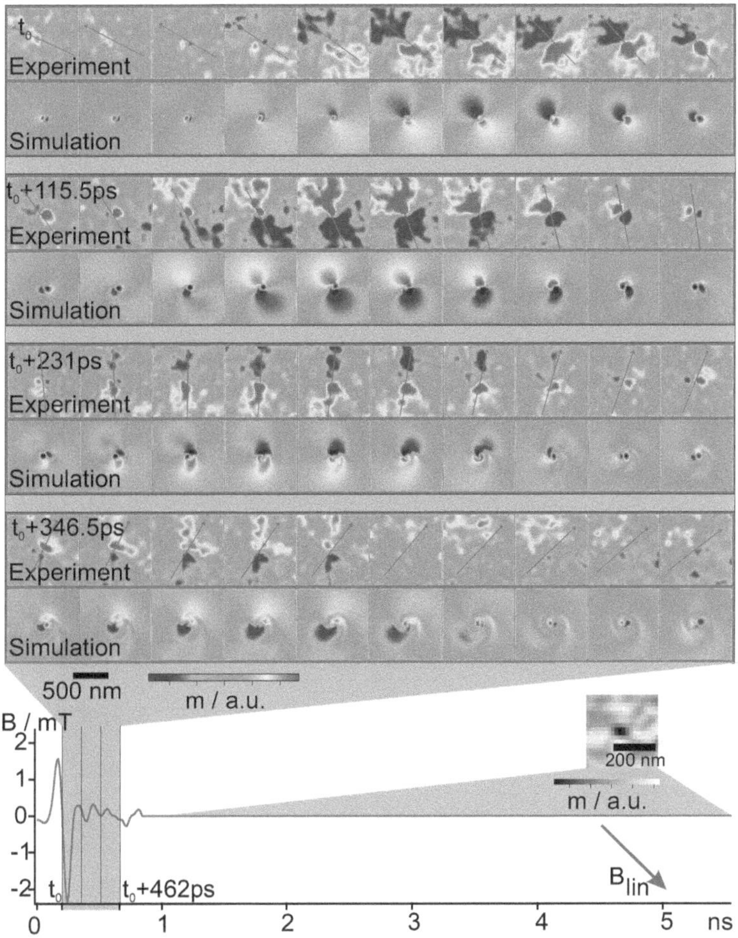

4.1 Bestimmung des magnetostatischen Eigenspektrums

Abb. 4.1: z-Magnetisierung nach einperiodiger linearer Anregung *mit einer Amplitude von ca. 2 mT. Der obere Teil der Zeilen zeigt die experimentellen Aufnahmen, während im unteren Teil jeweils die entsprechenden Simulationen (gefaltet mit der experimentellen Auflösung) gegenübergestellt werden. Die Zeit in der grauen Markierung ist in vier Intervalle geteilt, wovon jedes einer der Bildzeilen im oberen Teil entspricht. Die Bilder haben einen zeitlichen Abstand von 11.5 ps in den Experimenten und 10 ps in den Simulationen. Das untere schwarz-weiße Bild ist eine Mittelung aus allen Bildern nach der Anregung, woraus auf eine konstant negative Polarität des Vortexkerns ($p = -1$) geschlossen werden kann.*

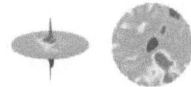

4.1 Bestimmung des magnetostatischen Eigenspektrums

negative Pol rechts unten während der ersten Zeitschritte lässt entsprechend auf eine negative Chiralität schließen ($C = -1$)

Die beiden Pole schwingen schließlich um die Ruhelage mit entgegengesetzter Phase, während sich ihre Symmetrieachse langsam im Uhrzeigersinn dreht (siehe Pfeile auf den experimentellen Momentaufnahmen in Abbildung 4.1). Durch die annähernde Kohärenz des zweiten Teils des Anregungssignals wird diese Schwingung während der ersten $100\,ps$ weiter verstärkt (erste Zeile auf Abbildung 4.1), bevor sie während der nächsten Zeilen langsam abklingt.

Bei den vorgestellten experimentellen Ergebnissen auf Abbildung 4.1 liegt die Maximalamplitude des bipolaren Anregungspulses laut einer Fouriertransformation bei $5.2\,GHz$. Dadurch ist das angeregte Frequenzband nach oben stark eingeschränkt. Die mikromagnetischen Simulationen hingegen ermöglichen eine beliebig breitbandige Anregung durch eine Verkürzung der Pulslänge. Deshalb wird ein einem nächsten Schritt zur genaueren Untersuchung des gesamten interessanten Frequenzbandes mit Hilfe von mikromagnetischen Simulationen ein sehr breitbandiger Puls angelegt. Abbildung 4.2 zeigt die Magnetisierungsdynamik einer Vortexstruktur mit positivem Kern ($p = +1$) nach einem kurzen monopolaren Puls von $10\,ps$ Länge bei einer Feldstärke von $5\,mT$ (keine Anstiegs- und Abstiegszeit). Die Feldrichtung des positiven Signals zeigt hier nach rechts.

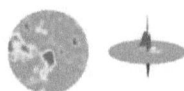

4.1 Bestimmung des magnetostatischen Eigenspektrums

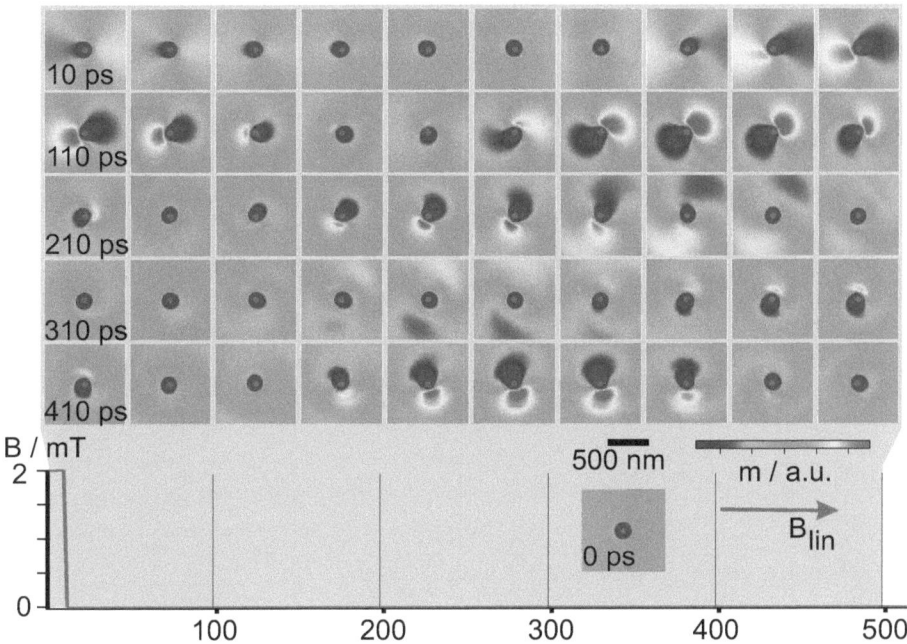

Abb. 4.2: Simulierte z-Magnetisierung *im zeitlichen Abstand von 10 ps bei 2 mT nach einem 10 ps langen Feldpuls in x-Richtung auf einen Vortex ($p = 1, C = 1$). Unten ist der Feldpuls, sowie der Zeitbereich gezeigt, welcher oben durch die Bilder dargestellt wird.*

Aufgrund der positiven Chiralität dieses Vortex ($C = +1$) erscheint nun zunächst ein positiver Pol auf der rechten Seite. Auch hier schwingen die Pole um ihre Nulllage, während sich die Symmetrieachse in diesem Fall langsam *entgegen* dem Uhrzeigersinn dreht. Mit Hilfe von Abbildung 2.16 wird deutlich, dass der hier betrachtete Fall aufgrund der Inversion von Polarität und Chiralität der identischen Konfiguration wie bei den vorhergehenden Messungen entspricht, wenn die Probe von unten betrachtet wird. Weitere Untersuchungen zeigen, dass der Drehsinn der langsam rotierenden Rotationsachse von der Polarisation des Vortexkerns allein abhängt. Die Chiralität entscheidet dabei lediglich über die Rotationsphase der Achse[2].

---

[2]$C = +1$: Positiver Pol in Feldrichtung. $C = -1$: Negativer Pol in Feldrichtung.

4.1.2 Charakteristika

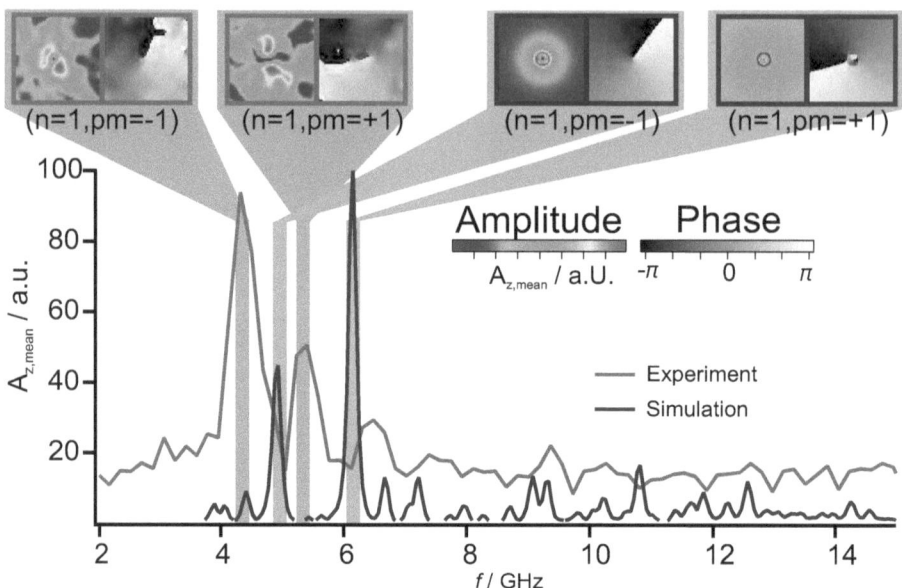

Abb. 4.3: **Lokale Fouriertransformation der Magnetisierung** *nach der Burst-Anregung aus Abbildung 4.1. Der Graph zeigt die Fourieramplitude $A_{z,mean}$ für das Experiment (rot) und die Simulation (blau). Die Bilder oben zeigen für die beiden niederfrequentesten azimutalen Moden das lokale Fourierbild an den angezeigten Frequenzen.*

Die Rotationsrichtung der Symmetrieachse kann auf die entgegengesetzte Vortexkernpolarisation ($p = +1$) zurückgeführt werden, was im Folgenden erläutert wird: Entsprechend der Magnetisierungsänderung aufgrund eines externen Feldes (siehe auch Abbildung 2.22) kann davon ausgegangen werden, dass der Feldpuls im Wesentlichen die beiden azimutalen Spinwellenmoden ($n = 1, m = \pm 1$) anregt, welche mit entgegengesetztem Rotationssinn um die Mitte kreisen. Die Umlauffrequenz dieser Wellen unterscheidet sich in einer Symmetriebrechung durch die Vortexkernpolarisation (siehe z.B. [GAG10] und die darin enthaltenen Referenzen). Bei der langsamer rotierenden Mode gilt für das Produkt aus Polarisation p und Modenzahl m: $pm = -1$, während für die schnellere

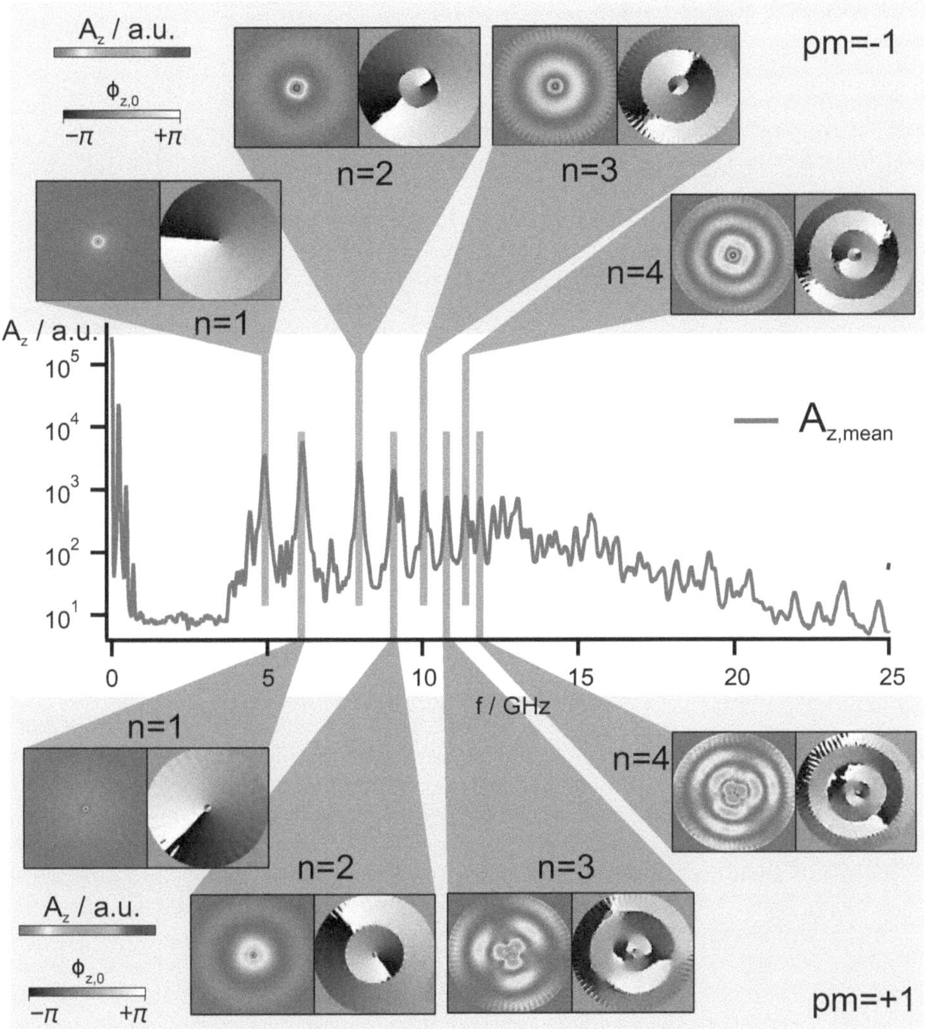

4.1 Bestimmung des magnetostatischen Eigenspektrums

Abb. 4.4: Lokale Fouriertransformation der simulierten Magnetisierung *nach einem kurzen linearen Puls aus Abbildung 4.2. Der Graph zeigt die durchschnittliche Amplitude in Abhängigkeit von der Frequenz $A_{z,mean}(f)$. Oben und unten sind die ortsabhängigen Fourieramplituden und Phasen (A_z und $\Phi_{z,0}$) der magnetostatischen Spinwellen $(n, |m| = 1)$ an den Maxima gezeigt.*

4.1 Bestimmung des magnetostatischen Eigenspektrums

Mode entsprechend $pm = +1$ gilt. Das Zusammentreffen gleicher Phasen der entgegengesetzt umlaufenden Wellen verschiebt sich deshalb nach jeder Umdrehung zugunsten der schnelleren Welle. Für einen wie im Experiment untersuchten nach unten zeigenden Vortexkern rotiert somit die im Uhrzeigersinn rotierende Mode schneller. Folglich dreht sich auch die Symmetrieachse im Uhrzeigersinn. Genau die entgegengesetzten Drehrichtungen gelten für einen nach oben zeigenden Vortexkern, wie er in der gezeigten Simulation auf Abbildung 4.2 untersucht wurde.

Für eine quantitative Abschätzung dieser Erklärung wird für die beiden Moden von Frequenzen mit 5 und $6\,GHz$ ausgegangen. Aus dem Mittelwert dieser beiden Frequenzen folgt eine Schwingungsfrequenz für die Pole von $5.5\,GHz$. Die Rotationsfrequenz der Symmetrieachse von $1\,GHz$ erhält man aus der Differenz der beiden Frequenzen. Diese Abschätzungen für die Beobachtung aus dem Realraum stimmen mit den Beobachtungen aus Experiment und Simulation überein.

Eine Betrachtung der Magnetisierungsdynamik im Fourierraum erlaubt eine genauere, quantitative Untersuchung der Frequenzen (siehe Abschnitt 3.3.1). Resonanzfrequenzen können leicht mithilfe von Maxima in $A_{z,mean}(f)$ auf den Abbildungen 4.3 (Experiment und Simulation der schmalbandigen Anregung) und 4.4 (Simulationen der breitbandigen Anregung) identifiziert werden. Das ortsabhängige Phasenbild des Wertes $\Phi_{z,0}(f,x,y)$ gibt weiter Aufschluss über den Charakter der jeweiligen Anregungsmode. Die Änderung von $\Phi_{z,0}(f,x,y)$ in Abhängigkeit des azimutalen Winkels gibt über die Rotationsrichtung Aufschluss, was gleichbedeutend mit dem Vorzeichen der Modenzahl m ist. Die Anzahl der Phasensprünge bei einer ganzen Umrundung gibt Aufschluss über den Betrag von m. Die radiale Modenzahl n erhält man schließlich durch die Anzahl der Phasensprünge in radialer Richtung.

Aus den experimentellen Daten auf Abbildung 4.3 lassen sich so bei den zwei größten Maxima die Moden $(1,-1)$, $(1,+1)$ identifizieren. Erstere bei einer Frequenz von ca. $4.3\,GHz$ und letztere Mode befindet sich bei ca. $5.3\,GHz$. Die Frequenzen aus den mikromagnetischen Simulationen stimmen qualitativ überein, sind jedoch über $10\,\%$ höher für die entsprechenden Eigenmoden. Diese Diskrepanz kann auf verschiedene experimentelle Ungenauigkeiten der Probe zurückgeführt werden[3]. Auch entspricht die Probe selbst nicht einem perfekten Zylinder, hat Rauhigkeiten und ihre Dicke kann des Weiteren etwas von den angenommenen $50\,nm$ abweichen.

Für eine Skalierung der Frequenz ist unter anderem das Aspektverhältnis verantwortlich, welches bei dieser Probe bei 32 liegt. Analoge Beobachtungen an Proben mit relativ großen Aspektverhältnissen von $70-400$ mit Hilfe von Kerr Mikroskopie sind in Einklang mit diesen Ergebnissen [BHH+04, PC05, BKH+05]. Dies bestätigt die Erwartung, dass azimutale Moden niedrigster Ordnung sehr gut an homogene, in der Ebene liegende Felder koppeln und offenbart die entsprechenden Eigenfrequenzen.

---

[3]So ist es üblich, für die Sättigungsmagnetisierung von Py einen niedrigeren Wert anzunehmen, als der in der Literatur vorkommende (siehe z.B. [WVV+09, VCW+09])

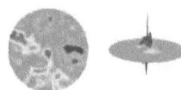

Moden mit höheren Frequenzen können in diesen Daten nicht mehr identifiziert werden. Dies wird in erster Linie auf die relativ lange Anregungszeit von rund 200 ps zurückgeführt, was einer Grenzfrequenz von $5\,GHz$ entspricht. Außerdem wird eine genauere Analyse durch das relativ schlechte Signal-Rausch-Verhältnis verhindert.

Aufgrund des fehlenden Rauschens und der damit nicht benötigten Statistik, sowie des deutlich breitbandigeren Anregungssignals lässt sich aus den Simulationen eine sehr viel vollständigere Verteilung der Moden ($n = 1..4, |m| = 1$) extrahieren. Die Eigenmoden sind auf Abbildung 4.4 über die Frequenz abgebildet. Hier bestätigen sich die tendenziell höheren Eigenfrequenzen der simulierten Probe um ca. 10%. Die gemittelte Eigenfrequenz für die Moden ($n = 1..4$) liegt hier bei jeweils $(5.5; 8.54; 10.41; 11, 68\,GHz)$. Der Betrag der Frequenzaufspaltung nimmt dabei mit steigender radialer Modenzahl streng monoton ab und ist für ($n = 1..4$) bei $(1.25; 1.08; 0.68; 0.45\,GHz)$. Eine detailliertere Beschreibung der weiteren Maxima und deren Diskussion findet sich im Anhang dieser Arbeit (Abschnitt A.5).

Durch zusätzliche Simulationen kann gezeigt werden, dass das hier diskutierte Spektrum weitgehend unabhängig von der angelegten Pulsamplitude, der zur Berechnung verwendeten Schrittweite in der Zeit, der Zeitauflösung, der Chiralität C, sowie der Pulslänge ist, solange Letztere kurz genug ist. Aufgrund der Symmetrie der Vortexstruktur müssen lediglich zwei Fälle der möglichen 4 Kombinationen aus $C = \pm 1$ und $p = \pm 1$ betrachtet werden. Man kann entsprechend die Produkte $Cp = +1$ und $Cp = -1$ unterscheiden. Die beiden anderen Fälle können durch Symmetrieoperationen auf diese Fälle zurückgeführt werden, indem man eines der beiden bekannten Systeme von unten betrachtet. Drehrichtungen des äußeren Feldes invertieren sich dann entsprechend (siehe auch die diagonalen Fälle von Abbildung 2.16).

4.2 Resonante Spinwellenanregung mit rotierenden Feldern

Im letzten Abschnitt wurde gezeigt, dass die azimutalen Spinwellen ($n, |m| = 1$) an in der Ebene liegende Felder koppeln. Obwohl durch die Anwendung von breitbandigen linearen Feldern die Eigenfrequenzen der hier verwendeten Probe sehr gut ermittelt werden können, ist es damit nicht möglich, einzelne Moden selektiv anzuregen. Durch erstmalige experimentelle Anwendung von rotierenden GHz Feldern konnten diese Moden nun selektiv und resonant angeregt werden, so dass ihre Dynamik direkt im realen Raum beobachtet werden kann. Die im Vergleich zu einem Kerr-Mikroskop um den Faktor 10 bessere Auflösung des Röntgenmikroskops verspricht außerdem tiefere Einblicke in die Magnetisierungsdynamik des Vortexkerns und seiner Umgebung. Hier wird unter anderem der Ursprung der Symmetriebrechung vermutet, welcher zur Frequenzaufspaltung zwischen zwei entgegengesetzt rotierenden Moden führt.

4.2 Resonante Spinwellenanregung mit rotierenden Feldern

4.2.1 Ausbildung von Extrema der Magnetisierung

Zunächst werden in Simulationen die azimutalen Eigenmoden durch kontinuierliche, rotierende Felder direkt adressiert. Um eine quantitative Aussage über die Kopplung zwischen dem äußeren Feld und den Spinwellen zu machen, wird dabei die Magnetisierung im quasistationären Zustand beobachtet. Zur Illustration zeigt Abbildung 4.5 zwei Beispiele einer Momentaufnahme der Magnetisierung und Schnitte durch diese. Die maximale Auslenkung der negativen Magnetisierung wird durch die folgende Funktion charakterisiert (siehe Abschnitt 3.2.2):

$$m_{z,min}(f) = \min_{x,y,t} \left(m_z(x,y,t,f) \right) \tag{4.1}$$

Dieser Wert ist auf Abbildung 4.6 für beide Drehrichtungen des äußeren Feldes von $1\,mT$ über die Frequenz aufgetragen. Im Einklang mit der Landau-Lifschitz Gleichung 2.27 skaliert dieser Wert für hinreichend kleine Auslenkungen linear mit der Amplitude des äußeren Feldes, während die Gesamtenergie quadratisch ansteigt. Ein Vergleich mit dem Spektrum der breitbandigen Pulsanregung auf Abbildung 4.4 zeigt, dass eine große Amplitude eine Frequenz nahe einer Eigenfrequenz der azimutalen Moden ($n = 1..4, m = \pm 1$) bedingt. Eine detailliertere Diskussion von kleineren Besonderheiten und Abweichungen zwischen den beiden Spektren findet sich im Anhang A.5.2.

Insbesondere in den Resonanzfällen, welche auch auf Abbildung 4.5 gezeigt sind, fällt dabei auf, dass der Wert nicht durch die Amplitude der großskaligen Spinwelle selbst gegeben ist, sondern durch eine nahe am Vortexkern lokalisierte Region sehr starker negativer Magnetisierung. Dieser sogenannte Dip wurde bereits bei der gyrotropen Anregung von Vortexkernen beobachtet und ist dort für das Schalten der Polarisation verantwortlich [VPS+06]. Wie in Abschnitt 4.3 erläutert wird, kann die Entstehung eines ausgeprägten Dips auf die nichtlineare Entwicklung der Spinwellen, sowie deren Wechselwirkung mit dem Vortexkern im Resonanzfall zurückgeführt werden.

4.2.2 Experimentelle Anregung und Beobachtung

Die Struktur der Magnetisierung, insbesondere des Dips soll im Folgenden mit Hilfe der hohen Ortsauflösung des Röntgenmikroskops genauer analysiert werden. Dazu sind auf Abbildung 4.7 Momentaufnahmen des stationären Zustands der Magnetisierung bei Anregung der ersten beiden Moden ($n = 1, pm = \pm 1$) eines positiv polarisierten Vortexkerns ($p = +1$) gezeigt. Zur besseren Vergleichbarkeit wurden die simulierten Daten mit der experimentellen Auflösung in Ort und Zeit gefaltet. Im rechten Teil von Abbildung 4.7 sind weiter jeweils die mittleren Magnetisierungen nach einer Phasenkorrektur bezüglich des äußeren Feldes gezeigt (siehe Gleichung 3.23). Qualitativ beobachtet man sehr gute Übereinstimmung zwischen Experiment und Simulation.

Bei beiden Anregungsmoden entwickelt sich eine bipolare Struktur der magnetostatischen Spinwelle im Außenbereich der Vortexstruktur. Im Zentrum werden jedoch anhand

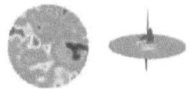

4.2 Resonante Spinwellenanregung mit rotierenden Feldern

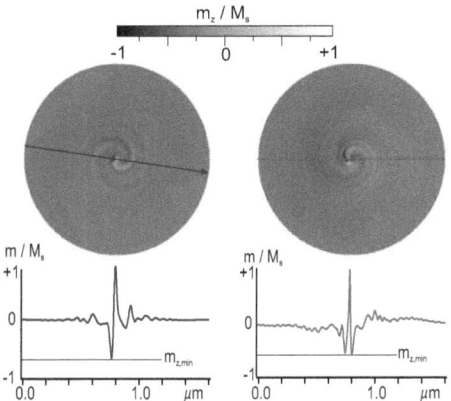

Abb. 4.5: Erläuterung der Größe $m_{z,min}$ **anhand eines Schnittes durch** $m_z(x,y,t)$. *Die Größe beinhaltet das Minimum für alle (x,y) und alle Zeiten (t). Links ist die Magnetisierung zu einem festen Zeitpunkt mit CW Anregung bei 5067 MHz und rechts mit CCW Anregung bei 6200 MHz dargestellt. Beides Mal war eine Amplitude von 1 mT angelegt.*

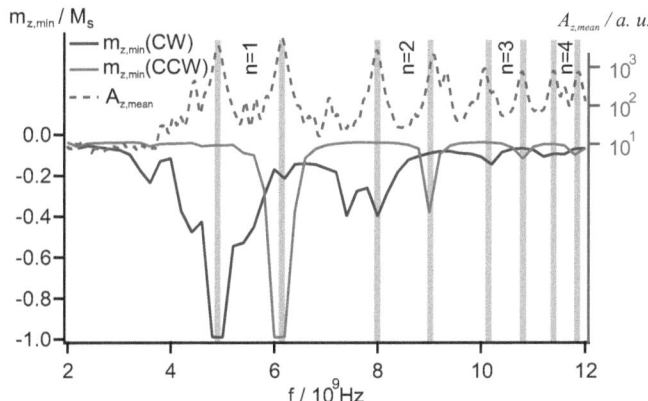

Abb. 4.6: Simulierte Amplitude des Dips *bei rechts- und linkszirkularer, kontinuierliche Anregung des Vortex. Aufgetragen ist $m_{z,min}$, (siehe Abbildung 4.5) über 50 ns bei 1 mT Feldstärke in Abhängigkeit von der Frequenz. Der graue Graph entspricht zum Vergleich der Fourieramplitude aus Abbildung 4.4.*

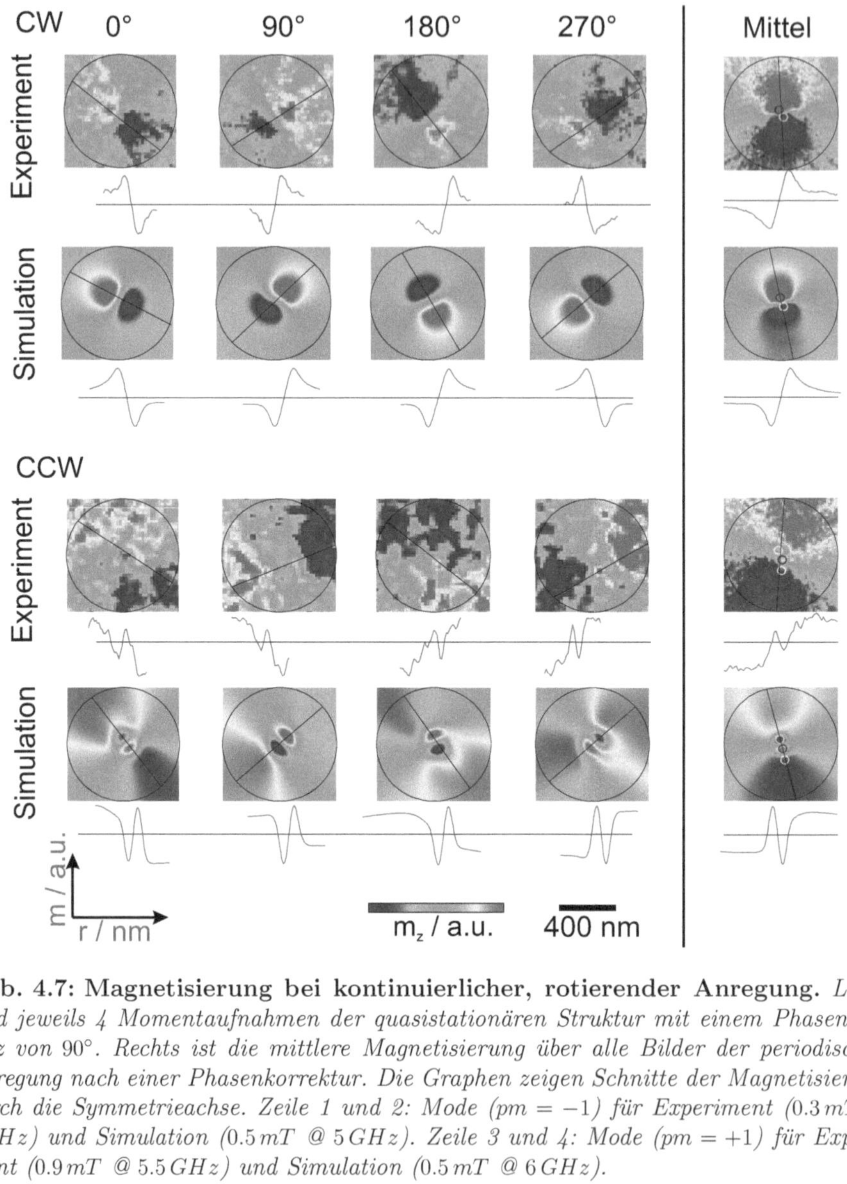

Abb. 4.7: Magnetisierung bei kontinuierlicher, rotierender Anregung. *Links sind jeweils 4 Momentaufnahmen der quasistationären Struktur mit einem Phasenversatz von 90°. Rechts ist die mittlere Magnetisierung über alle Bilder der periodischen Anregung nach einer Phasenkorrektur. Die Graphen zeigen Schnitte der Magnetisierung durch die Symmetrieachse. Zeile 1 und 2: Mode ($pm = -1$) für Experiment (0.3 mT @ 5 GHz) und Simulation (0.5 mT @ 5 GHz). Zeile 3 und 4: Mode ($pm = +1$) für Experiment (0.9 mT @ 5.5 GHz) und Simulation (0.5 mT @ 6 GHz).*

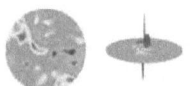

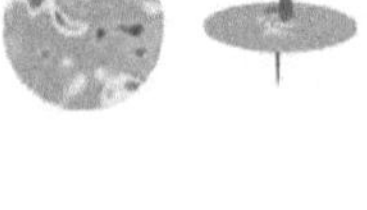

4.2 Resonante Spinwellenanregung mit rotierenden Feldern

der Schnitte durch die Magnetisierung auf Abbildung 4.7 signifikante Unterschiede zwischen diesen beiden Eigenzuständen deutlich: Bei der sich im Uhrzeigersinn drehenden Mode setzt sich die bipolare Struktur bis in die Mitte fort, wo sie relativ nahe am Vortexkern ihre Extrema aufweist. Der positive Pol geht also offensichtlich fließend in den Vortexkern über, während der negative Pol in seinem Minimum einen Dip enthält. Komplexer äußert sich die Situation bei der sich gegen den Uhrzeigersinn drehenden Mode. Hier geht der negative Pol ebenfalls in einen Dip über, welcher direkt neben dem positiv polarisierten Vortexkern entsteht. Zwischen dem Vortexkern und dem positiven Spinwellenpol entsteht jedoch ein weiterer Dip negativer Magnetisierung. Sowohl in positiver, als auch in negativer Magnetisierungsrichtung existieren hier also zwei Extrema. Die auf diese Skalen limitierte Ortsauflösung des Mikroskops weist deshalb im Zentrum auch einen deutlich niedrigeren Kontrast auf als in den oberen Bildern.

4.2.3 Diskussion − Ausbildung von Dips

Die beiden entgegengesetzt rotierenden Moden ($n = 1, pm = \pm 1$) unterscheiden sich also nicht nur in ihrer Frequenz, sondern auch sehr deutlich in der Magnetisierung in der Nähe des Vortexkerns. Eine systematische Untersuchung weiterer azimutaler Eigenzustände offenbart diese Beobachtung als ein allgemeineres Phänomen. Abbildung 4.8 zeigt dazu Momentaufnahmen der Magnetisierung bei Anregung der azimutalen Eigenmoden für ($n = 1..3$) mit dem Drehsinn ($m = -1$) in der linken Spalte und ($m = +1$) in der rechten Spalte. Weitere Untersuchungen für beide Polarisationen des Vortexkerns ergeben, dass die Beschaffenheit der Magnetisierung, wie die Frequenzaufspaltung auch, lediglich vom Vorzeichen des Produkts aus Polarität und Drehsinn ($pm = \pm 1$) ab. Ist dieses Produkt negativ, so beobachtet man nur einen Dip, während bei einem positiven Vorzeichen zwei Dips entstehen.

Die oben beobachteten Unterschiede zwischen entgegengesetzt rotierenden Moden können auch durch genauere Betrachtung der Eigenmoden im Fourierraum aus der Pulsanregung in Abbildung 4.4 unten bestätigt werden, bei welchen mit der Drehrichtung ($pm = +1$) ein zusätzlicher Phasensprung in radialer Richtung sehr nahe am Zentrum existiert. Obwohl entgegengesetzt rotierende Moden also generell gleichen Ursprungs sind, führt eine Symmetriebrechung durch die Existenz des Vortexkerns zu deutlichen Unterschieden zwischen diesen Zuständen.

Im Anhang wird detaillierter auf die dynamischen Eigenschaften und Kausalitäten zwischen dem äußeren Feld, den Spinwellen, der Vortexstruktur und den Dips eingegangen (siehe Abschnitt A.6). Zusammengefasst kann gefolgert werden, dass die Spinwellen niedrigster Ordnung in m durch das äußere rotierende Feld resonant angeregt werden. Die Phasenbeziehung zwischen äußerem Feld und der Spinwelle hängt dabei von der angewandten Frequenz selbst im Verhältnis zur Resonanzfrequenz, der radialen Modenzahl n, sowie der Chiralität C ab. Im Gegensatz dazu steht der Vortexkern selbst, sowie

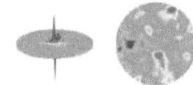

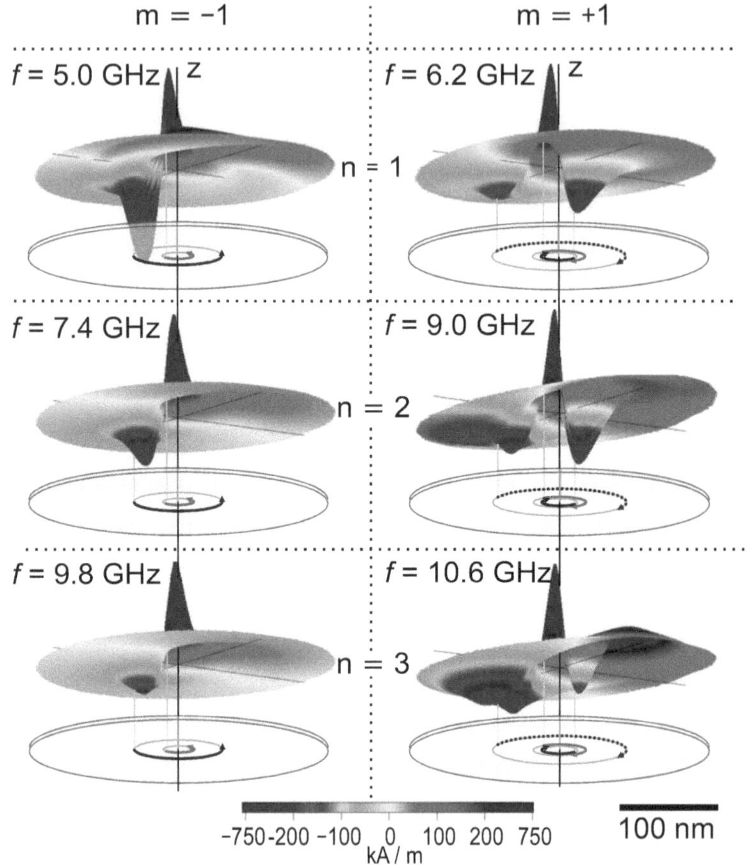

4.2 Resonante Spinwellenanregung mit rotierenden Feldern

Abb. 4.8: Ausbildung der Dips: *Momentaufnahme der z-Magnetisierung der Vortexstruktur bei Anregung der azimutalen Eigenmoden mit ($n = 1-3, m = \pm1$). Es wird nur der innere Teil (300 nm) gezeigt.*

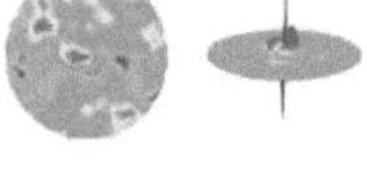

4.2 Resonante Spinwellenanregung mit rotierenden Feldern

die Dips in einer festen Phasenbeziehung zur Spinwelle.

4.2.4 Superpositionsmodell

In den letzten Abschnitten wurde deutlich, dass die Ausbildung der negativen Magnetisierung in der Umgebung des Vortexkerns sehr stark von der Kombination aus Drehrichtung der angeregten Mode und der Polarisation des Vortexkerns ($pm = \pm 1$) abhängt. Dies äußert sich in der Ausbildung von einem ($pm = -1$) oder zwei ($pm = +1$) Dips. Hier soll nun ein einfaches Modell vorgestellt werden, welches eine anschauliche Erklärung für die Phänomene der Dip-Bildung, sowie die charakteristischen Unterschiede zwischen entgegengesetzt rotierenden Moden liefert.

Abbildung 4.9 zeigt eine schematische Darstellung dieses Modells. Die Basis hierfür bildet das in Abschnitt 2.3.3 eingeführte gyroskope Feld. Dieses Feld begleitet einen bewegten Vortexkern und weist – unabhängig von seiner Polarisierung p und seiner Chiralität C – eine negative Magnetisierung links und eine positive Magnetisierung rechts zu seiner Bewegungsrichtung auf (siehe Abbildung 2.20 oben). Im Fall der gyrotropen Anregung mit ihrer Drehrichtung ($pm = +1$) entsteht deshalb immer auf der dem Zentrum zugewandten Seite des Vortexkerns ein Dip.

Bei der Anregung von Spinwellen wird der Vortexkern entsprechend Abbildung A.6 bezüglich des Spinwellenvektors der bipolaren Struktur ausgelenkt und gyriert mit der hohen Anregungsfrequenz und einem kleinen Radius von wenigen $10\,nm$ um das Zentrum (siehe Abbildung 4.9, Mitte). Hier liegt nun der Ursprung der Symmetriebrechung zwischen entgegengesetzt gyrierenden Moden. Im Gegensatz zur gyrotropen Mode ist der Drehsinn bei Moden mit $pm = -1$ entgegengesetzt, weshalb die entgegengesetzte Magnetisierung auf der dem Zentrum abgewandten Seite entsteht und in Phase mit dem Vortexkern um das Zentrum kreist (Abbildung 4.9, links oben). Zwar haben die Anregungsmoden $pm = +1$ den selben Drehsinn wie die gyrotrope Mode, so dass die entgegengesetzte Magnetisierung auf der dem Zentrum zugewandten Seite entsteht, jedoch ist hier der Gyrationsradius des Vortexkerns so klein, dass das Maximum des Dips auf der gegenüberliegenden Seite bezüglich des Rotationszentrums entsteht und deshalb gegenphasig um das Zentrum gyriert (Abbildung 4.9, rechts oben).

Im Gegensatz zur Dynamik der gyrotropen Anregungsmode ist jedoch die Bewegung des Vortexkernes bei Spinwellenanregungen nicht die einzige Quelle für aus der Ebene gerichtete Magnetisierungen. Ein weiterer Faktor ist die bipolare Magnetisierung der angeregten Spinwelle selbst (siehe Abbildung 4.9, Mitte), welche sich in der Nähe des Zentrums konzentriert und bezüglich der Rotationsachse eine negative (positive) Magnetisierung auf der gleichphasigen (gegenphasigen) Seite des Vortexkerns aufweist.

In erster Näherung lässt sich entsprechend die Magnetisierung des Dips aufgrund des Gyrofeldes mit dem bipolaren Spinwellenhintergrund der Anregungsmode linear kombinieren. Das Resultat der Magnetisierung ist im unteren Teil von Abbildung 4.9 für

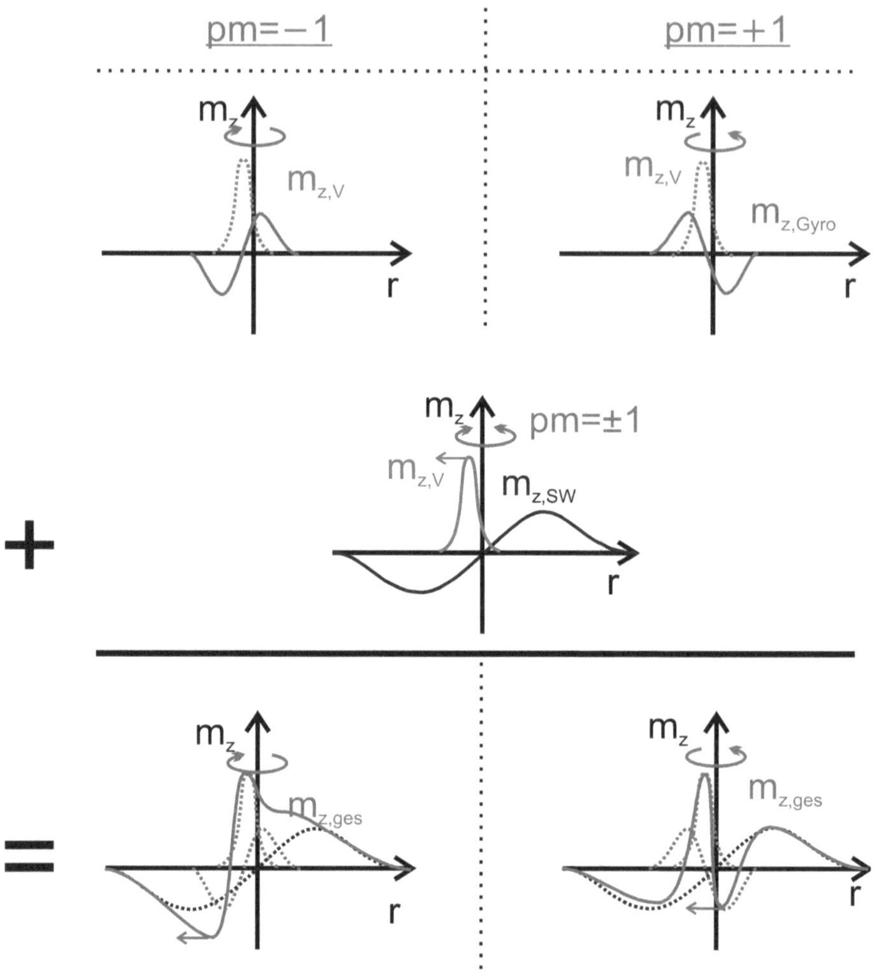

4.2 Resonante Spinwellenanregung mit rotierenden Feldern

Abb. 4.9: Veranschaulichung des Superpositionsmodells *zur Erklärung der Dip-Entstehung. Die Gesamtmagnetisierung $m_{z,ges}$ besteht im Grunde aus der Superposition zweier Beiträge: Eine lokale, rotationsabhängige bipolare Struktur aufgrund des gyroskopen Feldes $m_{z,Gyro}$ (erster Summand), sowie ein großskaliger bipolarer Spinwellenhintergrund $m_{z,SW}$ (zweiter Summand). Vergleiche dazu Abbildung 4.8. Entsprechend den grünen Pfeilen führt der Spinwellenhintergrund zu einer Verschiebung des Dips in Richtung Vortexkern (pm = +1), bzw. weg vom Vortexkern (pm = −1).*

beide Drehrichtungen gezeigt. Im Fall von $pm = -1$ bedeutet dies, dass beide Anteile konstruktiv überlagert werden und es entsteht ein sehr ausgeprägter Dip. Im Gegensatz dazu ergibt der Fall $pm = +1$ eine destruktive Überlagerung wodurch der Beitrag des Gyrofeldes durch den Spinwellenhintergrund abgeschwächt wird. Es entstehen hier jedoch zwei Dips, wovon einer seinen Ursprung im entgegengesetzt magnetisierten Pol der Spinwelle hat, während der andere seinen Ursprung im durch die Spinwelle abgeschwächten Gyrofeld hat.

Die Umrisse der Magnetisierung dieses Superpositionsmodells sind in Einklang mit den Momentaufnahmen aus Abbildung 4.8 für beide Rotationsrichtungen[4].

Die Überlagerung der Magnetisierung aufgrund des Gyrofeldes mit dem Spinwellenhintergrund bewirkt weiter eine Verschiebung des positiven (negativen) Extremums in Richtung des positiven (negativen) Gradienten. Wie durch die grünen Pfeile auf Abbildung 4.9 rechts angedeutet, führt dies zu einer Entfernung des Dips vom Vortexkern im Fall $(pm = -1)$, während sich der Dip im Fall $(pm = +1)$ an den Vortexkern annähert. Für eine Abschätzung der Verschiebung wird die Magnetisierung des Gyrofeldes durch eine Gaußfunktion der Breite $\sigma = 80\,nm$ mit einer Höhe von $m = 0.5\,M_s$ angenommen. Weiter wird die Hintergrundmagnetisierung an dieser Stelle als eine Gerade der Steigung $s = 0.5/300\,M_s/nm$ angenähert. Damit ist die Magnetisierung durch die Summe der beiden Funktionen gegeben. Die Position des Dips, also des Maximums dieser Funktion erhält man durch Ableiten und Lösen dieser Funktion. Man erhält eine Verschiebung von $\Delta x \approx \pm 5nm$.

4.3 Vortexkernschalten durch Spinwellenanregung

Die Erkenntnis, dass der sonst stabile Vortexkern durch resonante Anregung der gyrotropen Mode mit sehr niederen Feldern geschaltet werden kann [VPS+06], weckte großes Interesse an der Erforschung der Vortexdynamik. Vor allem bezüglich möglicher Anwendungen wurde das Interesse weiter durch die Möglichkeit verstärkt, dass man den Vortexkern durch Anlegen von rotierenden (sub-GHz) Feldern selektiv schalten kann [CVV+08]. In den letzten Abschnitten wurde gezeigt, dass ein für die Schaltprozesse durch gyrotrope Anwendung notwendiger Dip auch durch die resonante Anregung von azimutalen Spinwellen erzeugt werden kann. Ziel dieses Abschnitts ist es nun, durch selektive Anregung dieser magnetostatischen Moden den Vortexkern *unidirektional* zu schalten. Dies geschieht bei Frequenzen, welche über eine Größenordnung oberhalb der gyrotropen Mode liegen.

Wie in den einleitenden Kapiteln diskutiert, wurde bereits selektives Schalten durch Anregung von rotierenden GHz Feldern mit dem Rotationssinn entgegen der gyrotropen Mode $(pm = -1)$, sowie schnelles aber nicht selektives Schalten im Bereich von wenigen

---

[4]In ihren Simulationen erzielen Zhu 2005, bzw. Guslienko 2010 qualitativ ähnliche Ergebnisse [ZLM+05, GAG10]. Letzterer durch Einführung eines topologischen Eichfeldes.

4.3 Vortexkernschalten durch Spinwellenanregung

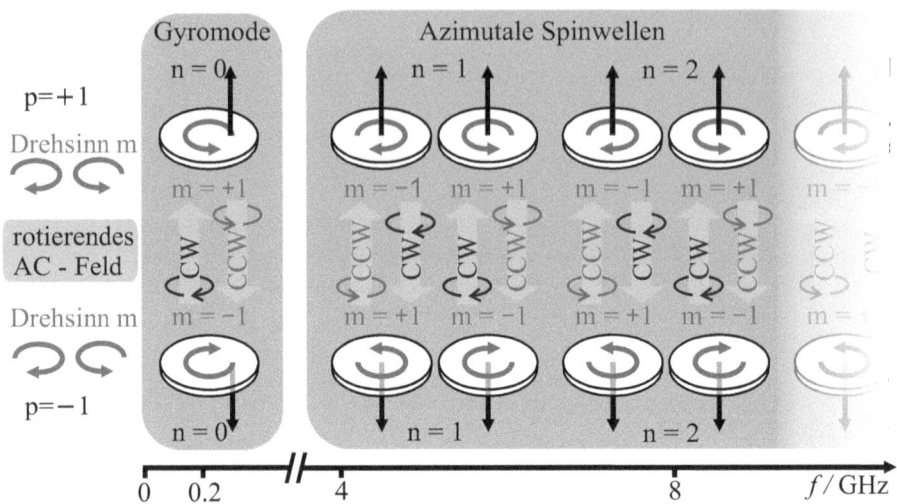

Abb. 4.10: Schematische Darstellung des spinwelleninduzierten Vortexkernschaltens. *Links ist die sub-GHz Gyromode illustriert, während rechts azimutale Spinwellen mit den Modenindices ($n, m = \pm 1$) abgebildet sind. Schalten tritt ein, wenn Frequenz und Rotationssinn des in der Ebene rotierenden Anregungsfeldes (CCW, CW) mit der angeregten Eigenmode (grüne Pfeile) übereinstimmen.*

100 ps durch kurze lineare Pulse mit Hilfe von mikromagnetischen Simulationen vorhergesagt (siehe Kapitel 2.3.3). Im Rahmen dieser Arbeit stellte sich jedoch heraus, dass es bisher einer systematischen Untersuchung dieser Schaltvorgänge fehlte. So konnte Kravchuk et al. durch seine Punktuell durchgeführten Simulationen lediglich eine der vielen Moden zum selektiven Schalten anregen. Sowohl hier, als auch in den Arbeiten von Hertel et al. fehlt es des Weiteren an der nun präsentierten Interpretation des Schaltmechanismus als spinwelleninduziertes Schalten durch Anregung spezieller azimutaler Eigenmoden der Vortexstruktur. Schließlich sei nochmals erwähnt, dass die in den mikromagnetischen Simulationen vorgenommenen Diskretisierungen und Modellierungen stets einer experimentellen Bestätigung dieser höchst nichtlinearen Vorgänge bedürfen.

Mit Hilfe der Ergebnisse aus den vorangehenden Abschnitten wird der auf Abbildung 4.10 illustrierte kausale Zusammenhang zwischen dem Schalten magnetischer Vortexkerne und den angeregten azimutalen Spinwellen erwartet: Die linke Spalte zeigt zur Wiederholung schematisch den Rotationssinn der gyrotropen Mode abhängig von der Polarisation des Vortexkerns. Nur wenn der Rotationssinn des äußeren Feldes dem der Mode entspricht, kann diese angeregt werden und führt schließlich zum Schalten (siehe

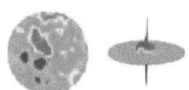

4.3 Vortexkernschalten durch Spinwellenanregung

[CVV+08]).

Die azimutalen Spinwellen mit der Symmetrie $(n, |m| = 1)$ sind bei Frequenzen über eine Größenordnung oberhalb der gyrotropen Mode zu finden (rechte Spalten). Durch die Wechselwirkung zwischen Vortexkern und Spinwelle wird die Entartung von Moden mit den Modenzahlen $(n, \pm 1)$ aufgehoben, was zu einer Frequenzaufspaltung führt. Bei jeder Eigenfrequenz findet man deshalb dieselbe Voraussetzung wie bei der gyrotropen Eigenfrequenz: Der Rotationssinn der Eigenmode ist abhängig von der Polarisation des Vortexkerns. Eine resonante Anregung der Vortexstruktur gegebener Polarisation bei einer bestimmten Eigenfrequenz durch ein rotierendes Feld ist also nur mit dem entsprechenden Drehsinn möglich. Es wird erwartet, dass bei ausreichend hoher Amplitude der Vortexkern umschaltet, womit sich auch der Drehsinn der Eigenmode bei dieser Anregungsfrequenz umkehrt. Erst eine analoge Inversion des Drehsinns des äußeren Feldes macht ein erneutes resonantes Zurückschalten des Vortexkerns möglich. Alternativ kann bei gleichbleibendem Drehsinn auch die Anregungsfrequenz auf die neue Eigenfrequenz eingestellt werden.

4.3.1 Phasendiagramme für Vortexkernschalten

Das auf Abbildung 4.10 vorgestellte Schema zum resonanten Schalten magnetischer Vortexkerne durch Anlegen von rotierenden GHz Feldern wird in diesem Abschnitt durch Simulationen und umfassende Experimente überprüft. Wie auf Abbildung 4.11 (a) wird ein nach oben zeigender Vortexkern $(p = +1)$ im Frequenzbereich von $2 - 8\,GHz$ und in einem Amplitudenbereich von $0.5 - 4\,mT$ mit in beide Richtungen rotierenden Feldern angeregt. Die Länge dieser Bursts ist dabei wohldefiniert auf 24 Perioden der Anregungsfrequenz festgesetzt. Nach jedem Burst wird die finale Polarisation des Vortexkerns aufgenommen. Die Detektion der Polarisation erfolgt dabei mit statischer Röntgenmikroskopie. Wie auf Abbildung 4.11 (c) gezeigt, sind 3 verschiedene Fälle möglich: Blaues Dreieck: Der Vortexkern hat nach einem im Uhrzeigersinn rotierenden Feld geschaltet. Rotes Dreieck: Der Vortexkern hat nach einem entgegen des Uhrzeigersinns drehenden Feldburst geschaltet. Schwarzer Punkt: Der Vortexkern schaltet an diesem Punkt im Phasenraum nie.

Das so erhaltene experimentelle Phasendiagramm für selektives Vortexkernschalten mit GHz Frequenzen ist auf Abbildung 4.11 oben gezeigt. Wie vorhergesagt, beobachtet man verschiedene Frequenzbereiche, bei denen Schalten mit einer bestimmten Rotationsrichtung des äußeren Feldes bei minimaler Amplitude eintritt. Ein Vergleich der jeweiligen Minima in der Schaltamplitude mit den experimentellen Eigenfrequenzen aus Abbildung 4.3 zeigt sehr gute Übereinstimmung. Da die Eigenmoden auf diesem Bild von einer Vortexstruktur der Polarisation $p = -1$ bestimmt wurden, sind die Drehsinne der Moden jedoch invertiert. Ein analoges Diagramm (hier nicht explizit dargestellt) für das Schalten eines Vortexkerns von der Polarisation $p = -1$ nach $p = +1$ zeigt neben leichten

4.3 Vortexkernschalten durch Spinwellenanregung

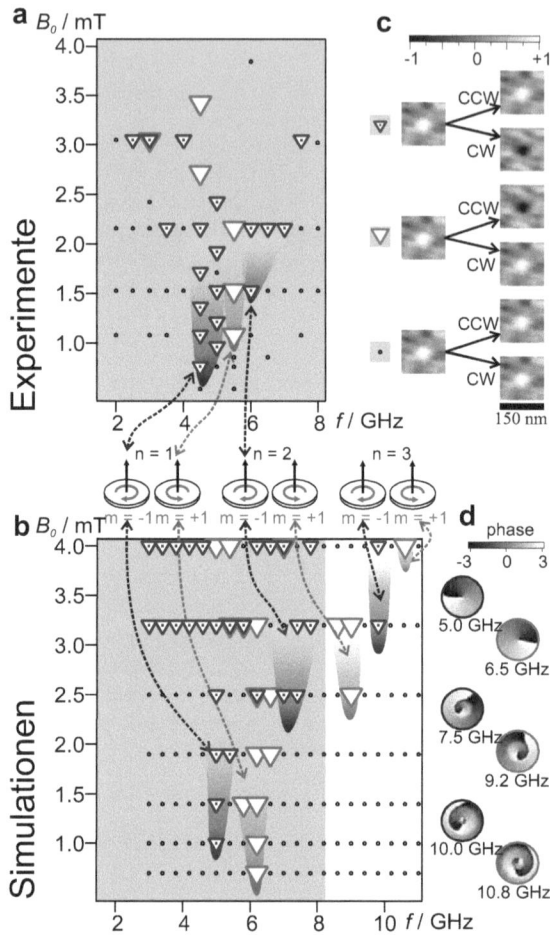

Abb. 4.11: Phasendiagramme für selektives resonantes Vortexkernschalten *im Experiment (a) und Simulation (b). Der Ausgangszustand ist immer ein Vortexkern mit p = 1. Die Burstlänge der in der Ebene liegenden rotierenden Felder beträgt 24 Perioden der Anregungsfrequenz. Bei blauen (roten) Dreiecken konnte der Vortexkern mit p = +1 mit einem CW (CCW) Feld umgeschaltet werden. Die Vortexpolarität im Experiment wurde durch röntgenmikroskopische Aufnahmen vor und nach der Anregung festgestellt (c). Phasenbilder aus lokalen Fouriertransformationen zeigen die angeregten Eigenmoden (d).*

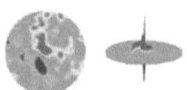

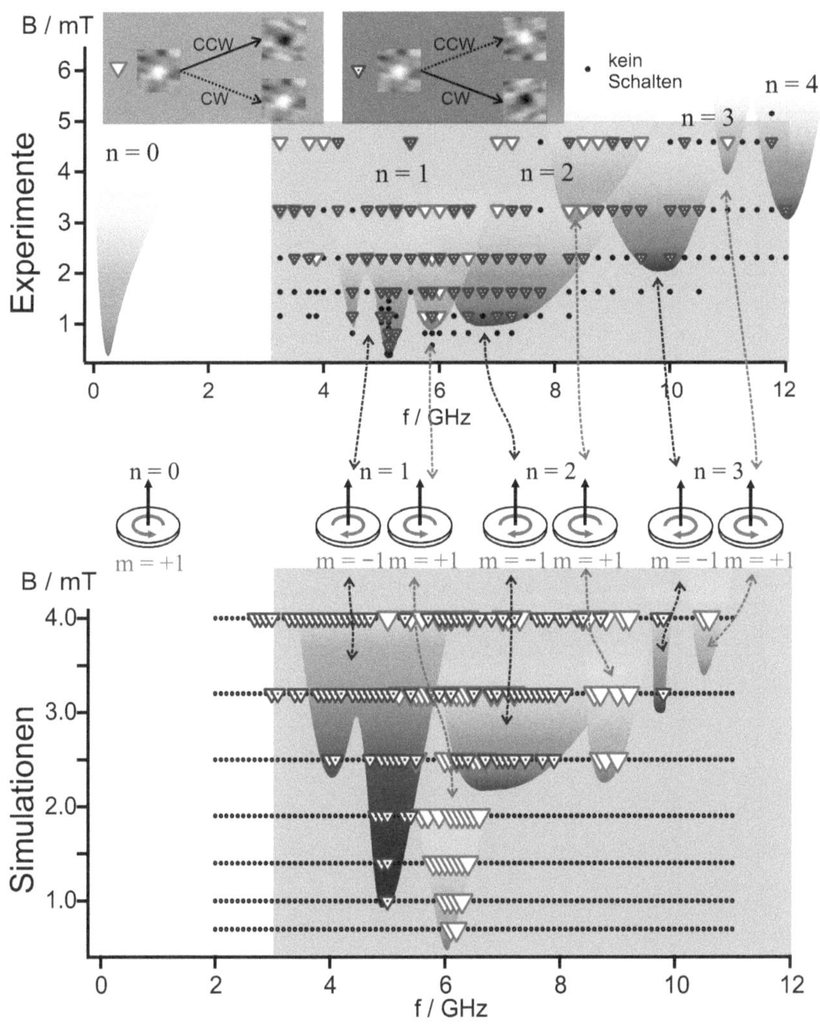

4.3 Vortexkernschalten durch Spinwellenanregung

Abb. 4.12: Breitbandigeres Phasendiagramm bis $12\,GHz$. *siehe auch Abbildung 4.11. Unterhalb der Resonanz der Mode* $(1,-1)$ *sind weitere Nebenminima der Schaltamplitude. So gehört das Minimum bei* $4\,GHz$ *(Simulation), bzw.* $4.5\,GHz$ *(Experiment) zur Mode* $(1,-2)$.

4.3 Vortexkernschalten durch Spinwellenanregung

Abweichungen ein analoges Verhalten mit leichten Abweichungen in der Frequenz und der Schaltamplitude. Wie bereits bei der gyrotropen Dynamik [CPS+07], können diese Asymmetrien auf experimentelle Abweichungen und Defekte in der Probengeometrie zurückgeführt werden. Des Weiteren ist das Frequenzraster durch die experimentellen Limitierung an Messungen aufgrund von C-Ablagerungen begrenzt (siehe Abbildung 3.11).

Zum Vergleich und zur Interpretation dieser Ergebnisse wurden mikromagnetische Simulationen durchgeführt, welche auf Abbildung 4.11 (b) gezeigt sind. Die bei bis zu $11\,GHz$ durchgeführten Simulationen zeigen insgesamt 6 Frequenzbereiche, in welchen selektives Schalten bei einer bestimmten Rotationsrichtung möglich ist. Ein Vergleich der Schaltresonanzen mit dem simulierten Eigenspektrum der Azimutalen Moden auf Abbildung 4.4 zeigt gute Übereinstimmung in den Frequenzen wie auch in der Rotationsrichtung, da in beiden Fällen die anfängliche Polarisation des Vortexkerns identisch $p = +1$ ist. Mit Hilfe der zeitabhängigen Magnetisierung können durch lokale Fouriertransformationen die angeregten Moden nun direkt identifiziert werden (Abbildung 4.11 (d)). Die erzeugten Phasenbilder stimmen qualitativ mit den Eigenmoden der jeweiligen Frequenzen überein. Aufgrund dieser Ergebnisse kann bestätigt werden, dass zum Schalten des Vortexkerns die Moden mit $(n = 1, m = \pm 1)$ direkt angeregt werden.

In weiteren Simulationen wurden auch Phasendiagramme für einen negativen Anfangszustand der Vortexkernpolarisation ($p = -1$) erstellt. Im Rahmen der Genauigkeit und unter Berücksichtigung der entgegengesetzten Rotationssinne des äußeren Feldes weisen die Ergebnisse eine absolute Symmetrie auf. Folglich spielt die Chiralität für die Anregung von Spinwellen und das Schalten des Vortexkerns keine Rolle.

Im vergleichbaren Frequenzbereich stellt man qualitative Übereinstimmung zwischen Simulation und Experiment fest. Wie bereits beim Vergleich der Eigenspektren auf Abbildung 4.3 sind jedoch die experimentell bestimmten Frequenzen deutlich geringer, was den Erwartungen entspricht. Die Abweichungen in der kritischen Schaltamplitude sind durch die relative Ungenauigkeit durch das vergleichsweise schlechte Frequenz- und Amplitudenraster erklärbar.

Anhand einer zweiten Probe konnten die experimentellen Ergebnisse bestätigt werden (siehe Phasendiagramm auf Abbildung 4.12). Die erhöhte Frequenzauflösung offenbart hier weitere Details wie die Aufspaltung der linken Region in mindestens ein Nebenminimum, was auch durch die entsprechenden Simulationen bestätigt wird. Das Phasenbild der lokalen Fouriertransformation deutet auf eine Anregung einer Eigenmoden mit einer höheren azimutalen Modenzahl hin (siehe Abschnitt A.5.2). Diese Eigenmoden sind aufgrund des Rückwärtsvolumencharakters und der damit verbundenen kleineren Frequenz bei höherem m an der niederfrequenten Kante des Minimums konzentriert.

Messungen bis zu $12\,GHz$ zeigen weiter spinwelleninduziertes Vortexkernschalten bis hin zur Mode $(n = 4, m = -1)$ bei den Frequenzen 5.5, 6, 7, 8.5, 10, 11.2 und $12\,GHz$ mit abwechselndem Drehsinn. Hier ist zum Vergleich auch die gyrotrope Mode einge-

zeichnet, welche bei dieser Probengeometrie eine 20 mal niedrigere Frequenz aufweist. Die Frequenzen dieser Minima sind im Vergleich zur Probe aus Abbildung 4.11 sehr viel näher an den simulierten Werten[5].

4.3.2 Zeitaufgelöste Experimente

Durch eine Optimierung der zeitaufgelösten stroboskopischen Messungen am Röntgenmikroskop MAXYMUS war es möglich, den Schaltvorgang zeitaufgelöst zu beobachten. Hier wird die zeitaufgelöste Änderung der Magnetisierung bei den Resonanzfrequenzen der ersten beiden Minima (4.48 GHz und 5.8 GHz) vorgestellt und analysiert. Abbildung 4.13 zeigt Momentaufnahmen des Schaltvorgangs der kleinsten Frequenz ($n = 1, pm = -1$). Hier führt ein im (entgegen dem) Uhrzeigersinn rotierendes Feld zum selektiven Schalten eines Vortexkerns von oben nach unten (unten nach oben). Während der Anregung bildet sich die bipolare Struktur der angeregten Spinwelle aus, was qualitativ mit der initialen Präzession durch ein homogenes Feld auf Abbildung 4.7 links übereinstimmt. Nach jedem der beiden Feldbursts ist die Magnetisierung des Vortexkernes eindeutig nach oben, bzw. nach unten gerichtet, was durch die Summation der dazwischenliegenden Bilder verdeutlicht werden kann. Abbildung 4.14 zeigt die analoge Messung bei der nächsthöheren Anregungsfrequenz, bei welcher ein Vortex von oben nach unten (unten nach oben) durch ein entgegen dem (im) Uhrzeigersinn rotierendes Feld geschaltet wird ($n = 1, pm = +1$). Auch hier kann die Vortexpolarisation zwischen den entgegengesetzt rotierenden Bursts durch Summation aufeinanderfolgender Bilder verdeutlicht werden, womit selektives Schalten in die angegebene Richtung mit hoher Statistik überprüft ist.

In beiden Bildern manifestiert sich die bipolare Ausbildung und Rotation der angeregten Spinwelle. Es fällt auch hier wieder die für die Experimente typische sternartige Struktur durch azimutal fluktuierenden Kontrast auf. Dabei sind die Maxima/Minima immer an der gleichen Stelle, was eigentlich auf Unregelmäßigkeiten im Material zurückzuführen wäre. Andererseits zeigen all diese länglichen Strukturen mehr oder weniger in Richtung Zentrum, wo der Vortexkern sitzt. Dies lässt aufgrund der Symmetrie wiederum auf einen magnetischen Ursprung zurück schließen. Letztere Vermutung wurde auch bereits durch mikromagnetische Simulationen bestätigt[6].

Die jeweils zweiten Momentaufnahmen Bildsequenzen von Abbildung 4.14 zeigen ansatzweise den Doppeldip, welcher typisch für diese Anregungsmode ist (siehe Abbildung 4.8 für die entsprechenden Simulationen).

---

[5]Es wird vermutet, dass die zuerst verwendete Probe etwas dünner war als 50nm. Dies kann allerdings aufgrund der Kohlenstoffablaberung während der Messung im Nachhinein nicht mehr nachgeprüft werden.
[6]Unveröffentlichte Simulationen durch C.H. Back et al.

4.3 Vortexkernschalten durch Spinwellenanregung

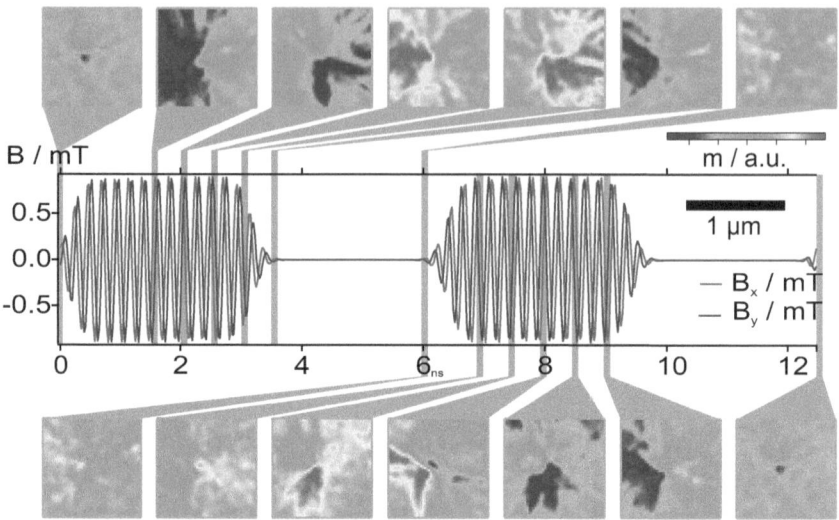

Abb. 4.13: Zeitaufgelöstes Vortexkernschalten bei $4480\,GHz$ durch Anregung der Mode $pm = -1$. Oben (unten) sind Bilder beim Schalten nach oben (unten) mit einer Burstlänge von $3\,ns$ in CCW (CW) Richtung. Zwischen den Bursts erkennt man in den gemittelten Bildern den Vortexkern.

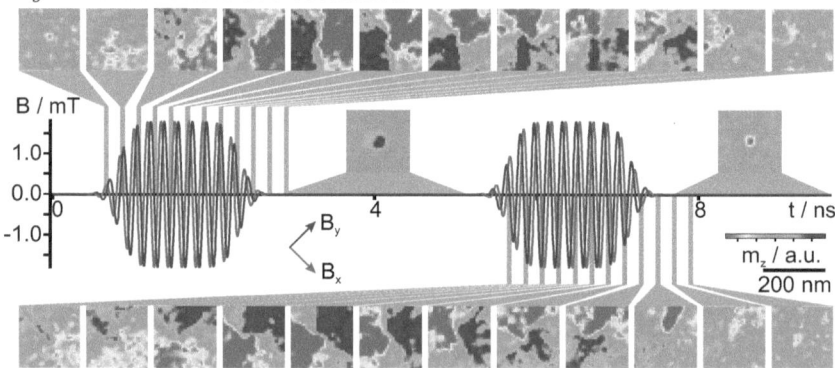

Abb. 4.14: Zeitaufgelöstes Vortexkernschalten mit $5796.88\,GHz$ durch Anregung der Mode $pm = +1$. Oben (unten) sind Bilder beim Schalten nach unten (oben) mit einer Burstlänge von $2\,ns$ in CCW (CW) Richtung. Zwischen den Bursts erkennt man in den gemittelten Bildern den Vortexkern.

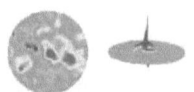

4.3 Vortexkernschalten durch Spinwellenanregung

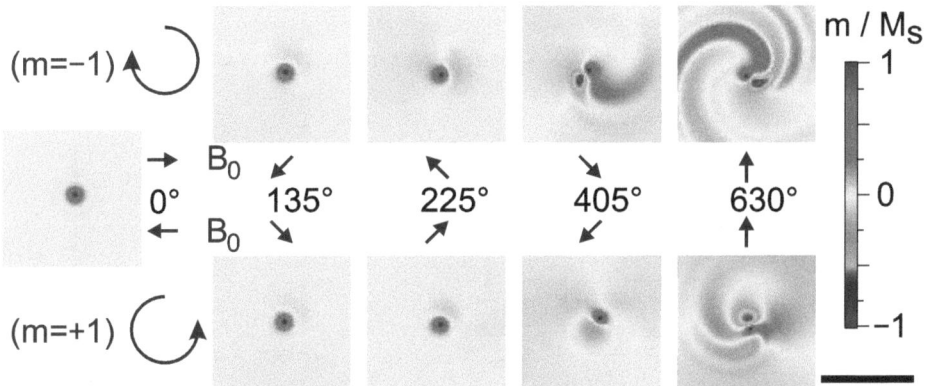

Abb. 4.15: Ausbildung der Dips: *Zeitliche Entwicklung der z-Magnetisierung der beiden Moden (n = 1, m = ±1) nach Anschalten eines rotierenden Feldes in der Eigenfrequenz (4.5 GHz fr (m = −1) und 6.2 GHz fr (m = +1)) mit dem entsprechenden Rotationssinn. Es wird nur der innere Teil der Probe gezeigt.*

4.3.3 Zeitaufgelöste Simulationen

Ausbildug von Dips

Die Ausbildung der Spinwellenstruktur, insbesondere der Dips, während des Einschwingvorgangs ist mit Hilfe von Simulationen für diese beiden Rotationsrichtungen auf Abbildung 4.15 gegenübergestellt. Man erkennt zunächst deutlich die Ausbildung der bipolaren Struktur aufgrund der initialen Präzession der Magnetisierung durch das Drehmoment des äußeren Feldes. Diese Struktur rotiert und verstärkt sich dabei im Zentrum (0-225°). Schließlich bildet sich bei 405° ein Dip in der negativ magnetisierten Region neben dem Vortexkern. In Analogie zu dem vorgestellten Modell in Abschnitt 4.2.4 bildet sich im Fall von $(pm = +1)$ auf der sonst positiv magnetisierten Seite eine weitere negativ magnetisierte Region zu einem zweiten Dip aus (630°).

In beiden Fällen wird die Dynamik durch nach außen laufende spiralförmige Wellen überlagert, welche offensichtlich von Dip und Vortexkern emittiert werden. Die radiale Komponente dieser Wellen weist eine Geschwindigkeit in der Größenordnung von $1000\,m/s$ auf, was bei den entsprechenden Wellenlängen in derselben Größenordnung wie die Lösungen der Oberflächenwellen aus Abschnitt 2.2.3 liegt. Es soll hier darauf hingewiesen werden, dass diese spiralförmigen Strukturen, welche in der Nähe des Zentrums sehr deutlich werden, nicht mit den sternförmigen Strukturen aus den Experimenten in Einklang sind, da diese im Außenbereich genau senkrecht zueinander verlaufen.

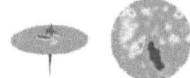

4.3 Vortexkernschalten durch Spinwellenanregung

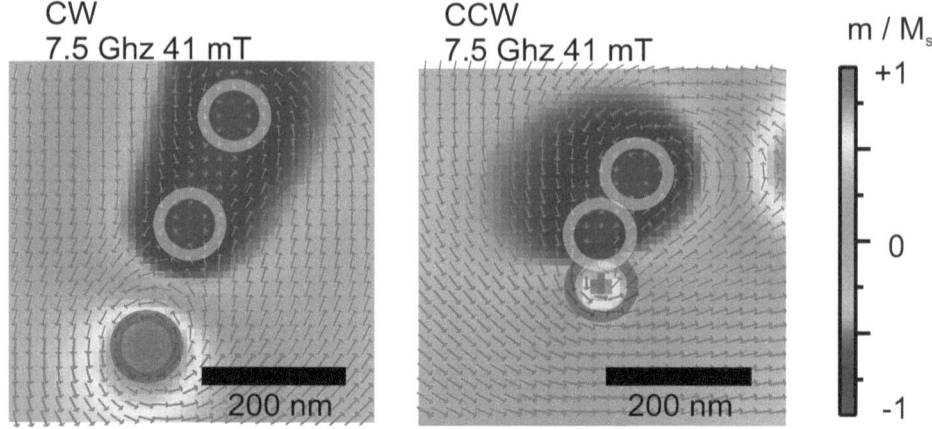

Abb. 4.16: Vortex-Antivortex induziertes Schalten. *Magnetisierung kurz vor dem Schalten fr die Moden $pm = -1$ (links) und $pm = +1$ (rechts). Der Abstand zwischen den Vortices ist im rechten Fall ($pm = +1$) viel kleiner.*

Vortex-Antivortex Paare

Bei beiden Anregungsrichtungen erfolgt das Schalten des Vortexkerns durch die spontane Bildung eines Vortex-Antivortex-Paares aus einem hinreichend ausgebildeten Dip in seiner Umgebung. Dieser Prozess erfolgt typischerweise innerhalb von ca. $10\,ps$ und ist auf wenige $10\,nm$ Abstand zwischen Dip und Vortexkern beschränkt. Bei sehr hohen lokalen Energien durch sehr hohe Amplituden des äußeren Feldes bilden sich diese Paare jedoch auch sehr viel weiter entfernt vom Vortexkern und können so in den Simulationen deutlicher beobachtet werden. Zwei Beispiele für eine Anregungsamplitude von $41\,mT$ sind auf Abbildung 4.16 gezeigt Wie auch bei kleineren Proben stellt man hier bei der Mode ($pm = -1$) einen deutlich größeren Abstand zwischen Vortekern und Dip fest, als bei der Mode ($pm = +1$). Des Weiteren sei bemerkt, dass bei der Mode ($pm = +1$) typischerweise der aus dem Gyrofeld resultierende Dip, welcher auf der dem Zentrum zugewandten Seite entsteht (siehe Abschnitt 4.2.4), den Umschaltprozess induziert. Dies entspricht dem oberen Dip in der unteren Zeile auf Abbildung 4.15, bzw. den linken Dips in der rechten Spalte auf Abbildung 4.8.

4.3.4 Diskussion

Anhand der vorgestellten Experimente konnte erstmals gezeigt werden, dass entsprechend Abbildung 4.10 durch Anregung von rotierenden GHz Feldern irreversibles Vor-

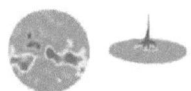

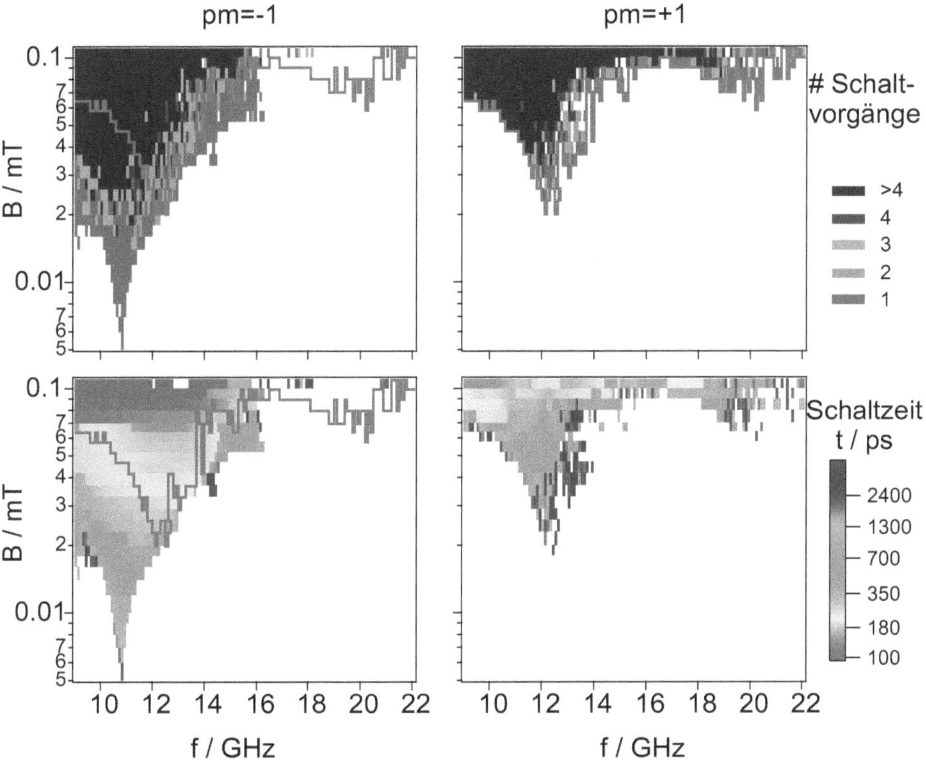

4.3 Vortexkernschalten durch Spinwellenanregung

Abb. 4.17: Vergleichssimulationen zu Kravchuk et al.. *Oben: Anzahl der Schaltvorgänge. Unten: Schaltzeit. Die graue Linie zeigt den Bereich, oberhalb dessen die Mode $pm = +1$ schaltet. Die Mode wird bei $n = 1$ komplett von der Mode $pm = -1$ überlappt. Simulationsdaten: Radius: 126 nm, Dicke: 20 nm, Sättigungsmagnetisierung: $860 \times 10^3 A/m^2$. In den Schaltminima ist eine Rotverschiebung in der Frequenz erkennbar.*

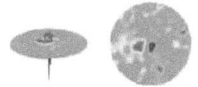

4.3 Vortexkernschalten durch Spinwellenanregung

texkernschalten möglich ist. Dies geschieht durch selektive Anregung von azimutalen Eigenmoden, welche nur angeregt werden können, wenn ihr Drehsinn mit dem äußeren Feld übereinstimmt. Zum Beispiel wird bei einer Frequenz von $4.5\,mT$, einem Rotationssinn im Uhrzeigersinn und einer Amplitude von $1\,mT$ ein nach oben zeigender Vortexkern nach unten geschaltet. Im Gegensatz dazu behält bei gleicher Anregung ein nach unten zeigender Vortexkern seine Polarisation bei, da hier die Eigenmode mit diesem Rotationssinn eine andere Eigenfrequenz hat.

Die Phasendiagramme für das spinwelleninduzierte Vortexkernschalten durch Anlegen von rotierenden Magnetfeldern stimmen in Experiment und Simulation qualitativ sehr gut überein. Durch Anpassung der Probendimensionen, der Gilbertdämpfung α und der Sättigungsmagnetisierung M_s kann im Prinzip die Frequenz und die Amplitude bis auf die experimentellen Asymmetrien an die experimentellen Daten angeglichen werden. So spielen sowohl die Probendimensionen, als auch die Dämpfung eine große Rolle, wenn es um die Bestimmung der relativen Schaltamplituden geht. Es muss jedoch weiter beachtet werden, dass für die Schaltamplitude in den Simulationen auch die Diskretisierung eine Rolle spielt. Die experimentellen Werte wiederum können aufgrund der begrenzten Anzahl an Einzelmessungen nicht beliebig genau bestimmt werden. So wurde nach ca. 30-40 Stunden Messung auf der Probe eine Kohlenstoffschicht deutlich über einem μm festgestellt, was nicht nur die Intensität halbiert, sondern auch einen sehr störenden Gradienten auf den Abbildungen bewirkt (siehe Abbildung 3.11).

Die Dynamik der Magnetisierung auf den Abbildungen 4.13, 4.14, 4.28 und 4.15 zeigt die typischen Charaktereigenschaften der in den davorliegenden Paragraphen beschriebenen Spinwellen. Hier muss berücksichtigt werden, dass die experimentellen Daten durch eine endliche Auflösung in Zeit und Raum, sowie durch Rauschen beschränkt sind.

Den Ergebnissen aus den Simulationen zu folgen, ist das Schaltverhalten im Rahmen der gemessenen Genauigkeit unabhängig von der Chiralität C der Struktur. Unter dieser Voraussetzung und der Annahme, dass die Probe perfekt symmetrisch ist, stellt das Phasendiagramm in Abbildung 4.12 oder 4.11 die vollständige Schaltinformation dar. Aufgrund der damit verbundenen Symmetrie kann das Schaltverhalten für einen nach unten zeigenden Vortexkern extrahiert werden, indem man das System einfach von unten betrachtet. Man muss also lediglich die Vortexkernpolarisation, sowie die Drehrichtungen invertieren. Da die Rotationsrichtungen ausschließlich von der Vortexkernpolarisation abhängen, werden für eine einfachere Beschreibung diese beiden Eigenschaften in dieser Arbeit durch Multiplikation in Bezug gesetzt: So gilt für die kleinste Spinwellenfrequenz immer das Produkt $(pm = -1)$, während für die nächsthöhere Frequenz $(pm = +1)$ gilt und so weiter.

2007 präsentierte Lee et al. ein Phasendiagramm für Vortexkernschalten. Hier wurden neben der Anregung der gyrotropen Mode keine weiteren Resonanzen sichtbar [LGLK07]. Die dort präsentierten Simulationen spannen ein Intervall von 0 bis $5\,GHz$ auf. Da die erste Mode in den hier präsentierten Simulationen bereits unterhalb von $5\,GHz$

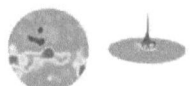

110

4.3 Vortexkernschalten durch Spinwellenanregung

auftritt, scheint dieses Ergebnis den hier präsentierten Ergebnissen zu widersprechen. Laut Gleichung 2.89 hängt jedoch die Frequenz annähernd linear von der Wurzel des Aspektverhältnisses der verwendeten Probe ab. Die in diesen Simulationen betrachtete Probe mit einem Radius von $150\,nm$ und einer Dicke von $15\,nm$ hat ein Aspektverhältnis von 20 – im Gegensatz zu der hier betrachteten Probe, welche ein Verhältnis von 32 aufweist. Demnach hätten die Autoren ein Intervall bis mindestens $6.5\,GHz$ berücksichtigen müssen.

Im selben Jahr präsentierte Kravchuk et al. Simulationen, in welchen durch Anregung in der Ebene liegender GHz Felder der Vortexkern *irreversibel* geschaltet werden kann [KSGM07]. Im Gegensatz zu den hier erzielten Ergebnissen ist dort lediglich eine sehr breite Resonanz für das Schalten des Vortexkerns erkennbar (siehe Abbildung 2.23). Auch kann ausschließlich mit dem Drehsinn entgegen der gyrotropen Mode geschaltet werden. Mit der in dieser Arbeit präsentierten Interpretation kann diese Beobachtung auf eine Anregung der Mode $(n=1, m=-1)$ zugewiesen werden. Wie auf Abbildung 4.17 dargestellt, können durch analoge Simulationen mit einer höheren Auflösung in der Frequenz und der Amplitude die Unterschiede zu den hier präsentierten Ergebnissen erklärt werden. In der linken Spalte erkennt man, dass die Breite des Minimums auf die gröbere Frequenzauflösung in [KSGM07] zurückzuführen ist. Es kann entsprechend nicht erst ab $20\,mT$, sondern bereits ab $5\,mT$ der Vortexkern selektiv umgeschaltet werden. Entgegen der Vorhersagen kann dies bei der Resonanzfrequenz in einem sehr breiten Amplitudenbereich geschehen, was ca. $300\,\%$ der Schaltschwelle entspricht (siehe roter Bereich im linken oberen Diagramm von Abbildung 4.17). Der Bereich, in welchem die Mode $(n=1, pm=+1)$ schaltet, wird nach diesen Ergebnissen völlig von der Mode $(n=1, pm=-1)$ überlappt. Damit ist erklärbar, warum dieser Bereich von den Autoren nicht erkannt wurde. Fraglich ist jedoch, warum der Schaltbereich zur Mode $(n=2, pm=+2)$ von Kravchuk et al. nicht gesehen wurde, welcher zwischen 18 und $20\,GHz$ bei ca. $60\,mT$ sein Minimum hat. Möglicherweise kann dies ebenfalls durch die schlechtere Frequenzauflösung erklärt werden, oder aber es wurde aufgrund der fehlenden Interpretation nicht berücksichtigt.

Schließlich wurde durch die in [KGS09] präsentierte Erklärung das Schalten mit Moden des entgegengesetzten Drehsinns ausgeschlossen, da die Ausbildung des Dips hier auf die Rotation des äußeren Feldes allein zurückgeführt wird. Die hier präsentierten Ergebnisse zeigen deshalb, dass diese Erklärung nicht den dominierenden Effekt zum Schalten des Vortexkerns liefert. Zusätzlich wird nun in dieser Arbeit mit dem Superpositionsmodell eine anschauliche Erklärung geliefert, welche die Ausbildung der für das Schalten essentiellen Dips beschreibt (siehe Abschnitt 4.2.4).

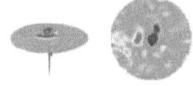

4.3.5 Zusammenfassung

In diesem Abschnitt wurde experimentell gezeigt, dass der Vortexkern tatsächlich selektiv und resonant durch Anlegen rotierender GHz Felder geschaltet werden kann. Hierbei wird ausgenutzt, dass derartige Felder sehr gut an azimutale Spinwellen mit der Modenzahl $(n, m = \pm 1)$ koppeln. Dies wird sowohl durch die Auswertung lokaler Fouriertransformationen, als auch durch direkte Betrachtung der zeitaufgelösten Magnetisierung selbst bestätigt. Dabei herrscht im Rahmen der experimentellen Möglichkeiten sehr gute qualitative Übereinkunft zwischen Experiment und Simulation. Dieses Ergebnis bestätigt zunächst die Vorhersage von Kravchuk et al. [KSGM07], geht aber in seiner Auslegung sehr viel weiter: Es wird ein Schema zum selektiven Schalten durch Anregung von rotierenden Eigenmoden vorgestellt, in welchem auch das GHz Schalten von Kravchuk et al., sowie die Anregung der gyrotropen Mode enthalten sind.

4.4 Dynamische Eigenschaften beim Schalten

Sowohl die lateralen, als auch die temporalen Strukturen der Vortexdynamik mit Spinwellen sind am Rande der Auflösungsgrenze des Röntgenmikroskops. Die Bilder lassen trotzdem die Identifikation der Spinwellen zu (siehe Abbildung 4.13) und es lassen sich weiter einige Details wie der zusätzliche Dip bei der Mode $(pm = +1)$ feststellen (siehe Abbildung 4.14 und 4.28). Die mit der gegebenen Auflösung gefalteten mikromagnetischen Simulationen zeigen qualitativ das selbe Verhalten, womit die Gültigkeit der Simulationen experimentell bestätigt wird. Die mikromagnetischen Simulationen können daher zur Auflösung feinerer Details bis zur durch die Zellgröße vorgegebenen Auflösungsgrenze von ca. $3-5\,nm$ im Ort und beliebig feiner Zeitschritte herangezogen werden. Weiterhin kann mit Hilfe der extrahierten Phänomene qualitativ die Gültigkeit des Superpositionsmodells überprüft werden. Es liegt also nahe, anhand der deutlich größeren Details aus den Simulationen tiefere Einblicke in die Dynamik und deren Interpretation zu suchen. In diesem Abschnitt werden verschiedene Aspekte und Charakteristika des spinwelleninduzierten Vortexkernschaltens untersucht. Ein Großteil der beobachteten Phänomene kann dabei mit Hilfe des einfachen Superpositionsmodells aus Abschnitt 4.2.4 erklärt werden.

4.4.1 Beschreibung des Schaltvorgangs im Realraum

Die Dynamik der azimutalen Spinwellen weist charakteristische Eigenschaften auf, welche vom Drehsinn m der Mode bezüglich der Polarisation p des Vortexkerns abhängen $(pm = \pm 1)$. Zur Verdeutlichung sind auf Abbildung 4.18 charakterisierende Größen für die beiden Anregungsmoden geplottet.

Der linke Fall bezieht sich auf eine Anregung mit $(pm = -1)$, während der mittlere

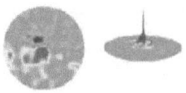

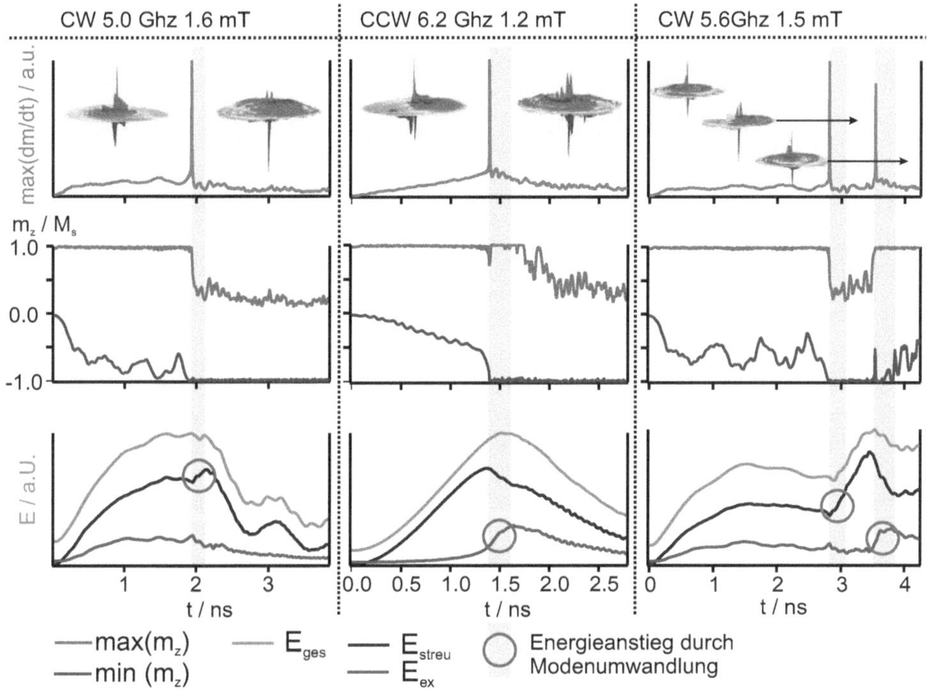

4.4 Dynamische Eigenschaften beim Schalten

Abb. 4.18: Charakteristische Größen beim spinwelleninduzierten Schalten. *Oben: Der Schaltindikator* max(dm/dt) *und 3D-Momentaufnahmen der Vortexstruktur vor und nach dem Schalten. Mitte: Minimale* (min(m_z)) *und maximale* (max(m_z)) *senkrechte Magnetisierung. Einem Vortexkern entspricht immer ein Betrag von 1, während ein Dip auch (meist) kleinere Amplituden hat. Unten: Gesamtenergie, Austauschenergie und Streufeldenergie. Der rote Kreis markiert den Energieanstieg durch die Umwandlung der Moden nach dem Schalten. Links: Anregung der Mode* ($n = 1, m = -1$). *Mitte: Anregung der Mode* ($n = 1, m = +1$). *Rechts: Anregung im Überlappbereich beider Moden* ($n = 1, m = \pm 1$).

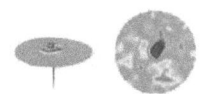

4.4 Dynamische Eigenschaften beim Schalten

Fall eine Simulation mit ($pm = +1$) repräsentiert. Oben ist entsprechend der Abbildung 4.5 das zeitabhängige Minimum und Maximum der Magnetisierung abgebildet. Vor dem Schalten (links des grauen Balkens) wird die Amplitude durch das Maximum repräsentiert, während die Amplitude des Dips durch das Minimum repräsentiert werden. Nach dem Schalten wechseln dann $m_{z,min}$ und $m_{z,max}$ ihre Rollen. Das Schalten des Vortexkerns erfolgt in beiden Fällen durch die spontane Umwandlung des Dips in ein Vortex-Antivortex Paar. Dies ist beispielhaft auf Abbildung 4.16 gezeigt. Der Antivortex wandert schließlich zum ursprünglichen Vortexkern und anihiliert mit diesem. Beim Anihilationsprozess kommt es aufgrund der gegensätzlichen Polarisationen zu einer sehr schnellen zeitlichen Änderung der Magnetisierung $\max(dm/dt)$. Starke Ausschläge dieser in Abbildung 4.18 oben gezeigten Größe können deshalb als Indikator für Antivortex induziertes Schalten verwendet werden.

Der untere Graph auf Abbildung 4.18 zeigt neben der x- und y- Komponente des Anregungsfelds auch die Gesamtenergie, sowie deren Komponenten aus Streufeld- und Austauschenergie. Das Verhältnis der beiden Komponenten Streufeld- zu Austauschfeld unterscheidet sich sehr deutlich für die Moden. Im linken Fall ($pm = -1$) ist das Verhältnis viel kleiner als im mittleren Fall ($pm = +1$)[7]. Auch dieses Verhältnis wird nach dem Schalten auf einer Zeitskala von ca. $200\,ps$ vertauscht. Es ist weiter zu bemerken, dass auch das Verhältnis aus Gesamtenergie und Amplitude des Dips für beide Fälle unterschiedlich ist. So ist im mittleren Fall die Energie deutlich höher als im linken Fall, während die Amplituden des größten Dips ein inverses Verhalten aufweisen. Der Umstand, dass im mittleren Fall entsprechend dem Superpositionsmodell aus Abbildung 4.9 zwei Dips entstehen, die ihre Energie austauschen können, ist es zu verdanken, dass im letzteren Fall die zunächst vergleichsweise kleine Amplitude für ein Schalten ausreichend ist.

4.4.2 Unterschiedliche „Schaltfreudigkeit" für entgegengesetzt rotierende Moden

Es fällt auf, dass sich die maximale Amplitude des größten Dips im Fall ($pm = -1$) asymptotisch an die Sättigung annähert und trotz der hohen Amplitude viel Zeit bis zum Schalten in Anspruch nimmt (auf Abbildung 4.18 links). Im Gegensatz dazu steigt die Amplitude des größten Dips im Fall ($pm = +1$) vergleichsweise langsam und linear bis zu einem Wert von ca. $0.5\,M_s$ an, bei welchem es abrupt zum Schalten kommt (auf Abbildung 4.18 Mitte). Diese Unterschiede in der Schaltfreudigkeit sind typisch für die jeweiligen Moden im gesamten Phasenraum, was auf Abbildung A.7 deutlich wird. Die

---

[7]Da aufgrund des zweiten Dips die Magnetisierung der Mode ($pm = +1$) sehr viel variabler ist, erwartet man eigentlich für diese Mode ein größeres Austauschfeld. Das überraschend kleine Austauschfeld ist vermutlich auf die zunächst sehr kleine Amplitude des Dips zurückzuführen. Kurz vor dem Schalten steigt dieses Feld dann mit dem Dip sehr stark an.

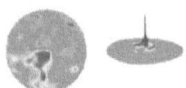

4.4 Dynamische Eigenschaften beim Schalten

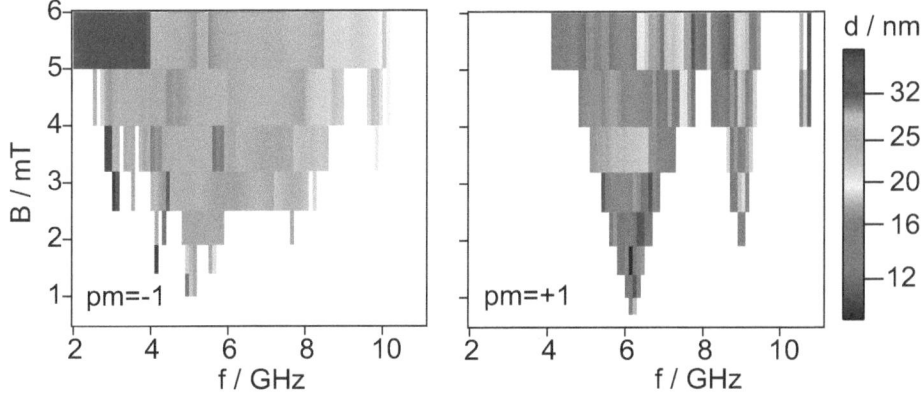

Abb. 4.19: Abstand zwischen Vortex und Dip vor dem Schalten. *Der Abstand wurde 40 ps vor dem Schalten bestimmt, also kurz vor der Bildung eines Vortex-Antivortex Paares. Links (pm = −1) ist der Abstand typischerweise ca. 10 nm größer als rechts (pm = +1).*

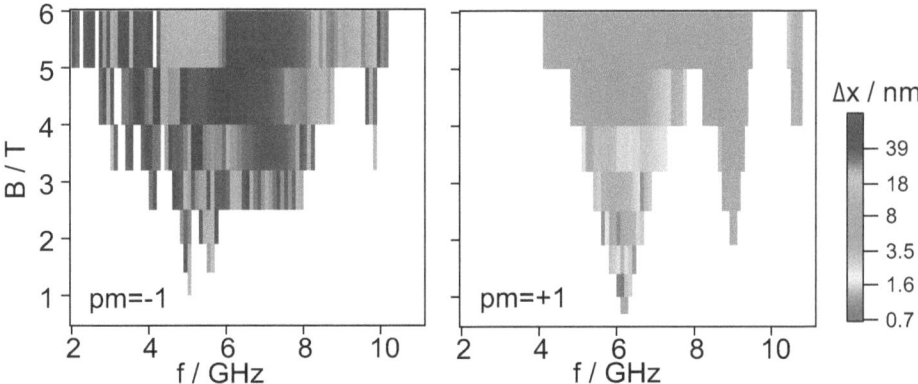

Abb. 4.20: Neue Vortexposition nach dem Schalten. *Gezeigt ist der Abstand des neuen Vortexkerns vom Zentrum direkt nach dem Schalten.*

4.4 Dynamische Eigenschaften beim Schalten

komplette Ausbildung des Dips ist also nicht immer ein hinreichendes Kriterium für das Schalten.

Eine Erklärung lässt sich in der Dynamik von Vortex und Dips bei Anregung der beiden Modentypen finden, welche auf Abbildung A.6 beschrieben sind. Der Dip bei der Mode mit ($pm = -1$) eilt dem Vortexkern immer hinterher, so dass ein entstandener Antivortex den Vortex erst einmal erreichen muss. Im Gegensatz dazu umkreisen sich Antivotex und Vortexkern bei der entgegengesetzt rotierenden Mode ($pm = +1$) und können mit Hilfe der Anziehung direkt aufeinander zulaufen.

Ein weiterer, entscheidender Faktor, welcher das Schalten im linken Fall auf Abbildung 4.18 ($pm = -1$) erschwert und im rechten Fall erleichtert, ist der mittlere Abstand zwischen Vortexkern und Dip kurz vor dem Schalten. Wie am Ende des Abschnitts 4.2.4 diskutiert, wird der aus dem gyroskopen Feld resultierende Dip durch den Spinwellenhintergrund im Fall ($pm = -1$) vom Vortex weg versetzt, während er im Fall ($pm = +1$) in Richtung Vortexkern versetzt wird. Zwei extreme Beispiele der Abstände zwischen Vortex und Antivortex für die entgegengesetzt rotierenden Moden sind auf Abbildung 4.16 gezeigt. Der Unterschied gilt für den gesamten Phasenraum, wie auf Abbildung 4.19 gezeigt. Diese Simulationen bestätigen sowohl die qualitative Vorhersage aus diesem Modell, als auch die dort vorgenommene Abschätzung, welche auf einen Unterschied in den Abständen von ca. $10\,nm$ für Amplituden bis $5\,mT$ führt.

Gemäß Gleichung 2.85 skaliert die Kraft zwischen dem Vortexkern und dem Dip mit dem Inversen des Radius. Eine Halbierung dieses Abstandes, welche typisch ist für die Mode ($pm = +1$) im Vergleich zur Mode ($pm = -1$) resultiert entsprechend in einer doppelten Anziehungskraft und begünstigt den Schaltprozess.

4.4.3 Gyroradius

Wie bereits auf Abbildung 4.8 erkennbar, ist der typische Gyrationsradius zum Schalten mit Spinwellen im Vergleich zum Schalten mit der gyrotropen Mode um eine Größenordnung kleiner. Der ganz in der Nähe des alten Vortexkerns entstehende neue Vortexkern ist also ebenfalls von Anfang an sehr nahe am Zentrum. Dies führt zu einem bedeutenden Zeitgewinn in der Relaxationszeit von bis zu 2 Größenordnungen, was besonders für schnelle technologische Anwendung von großem Interesse sein kann[8].

Ein weiterer Vorteil eines kleinen Gyrationsradius ist, dass der Vortexkern keine große Fläche beansprucht und so das selektive Vortexkernschalten auch auf sehr kleinen Proben realisiert werden kann, ohne dass der Vortexkern über den Rand hinausgedrängt wird. So wurden auch Scheiben mit einem Radius von $40\,nm$ simuliert, in welchen selektives Vortexkernschalten möglich ist.

Der Gyrationsradius des angeregten Vortexkerns hat über den simulierten Phasenraum für alle Anregungsmoden einen relativ konstanten Wert um ca. $10\,nm$. Im Gegensatz dazu

---

[8]Die Relaxationszeit hängt stark von der Anforderung an die Größe der exponentiell abfallenden Amplituden der Spinwellen ab.

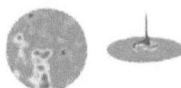

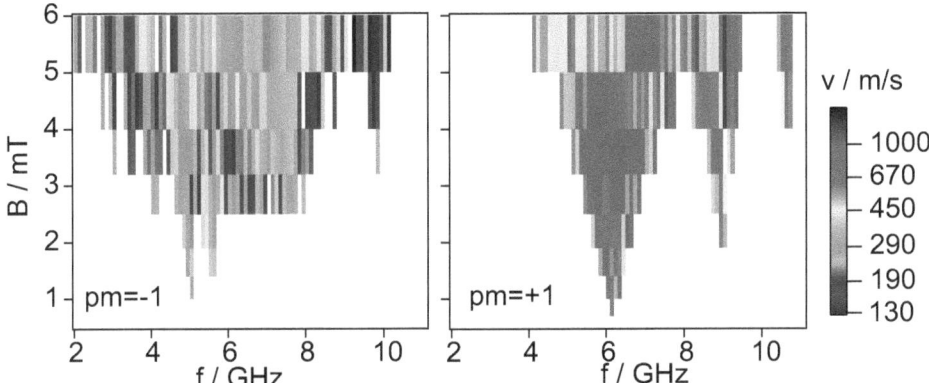

Abb. 4.21: Vortexkerngeschwindigkeit kurz vor dem Schalten. *Das durch die Dynamik des Kernes erzeugte Gyrofeld ist proportional zu dieser Geschwindigkeit. Da bei Spinwellenanregung der bipolare Hintergrund eine große Rolle spielt, ist diese Größe keine Konstante mehr und hängt sehr stark von der Drehrichtung der angeregten Mode ab. Für den Fall (pm = −1) sind die Geschwindigkeiten viel kleiner als erwartet, während sie für den entgegengesetzten Fall sehr viel größer sind.*

werden signifikante Unterschiede in der Vortexposition nach dem Schalten zwischen entgegengesetzt rotierenden Moden beobachtet. Nach Abbildung 4.20 ist der Abstand zum Zentrum bei der rechten Mode (pm = +1) unterhalb von 10 nm, während der Abstand bei der linken Mode (pm = −1) im Bereich von 40 nm liegt. Im letzteren Fall würde also eine Relaxation entsprechend länger dauern[9].

Die Unterschiede in der Vortexposition lassen sich mit Hilfe der Beobachtungen auf Abbildung A.6 erklären: Im Fall (pm = −1) entsteht nämlich der neue Vortexkern auf der dem Zentrum abgewandten Seite des alten Kerns, während im Fall (pm = +1) der neue Vortexkern auf der dem Zentrum zugewandten Seite, also auf der gegenüberliegenden Seite entsteht. Der Radius des neuen Kerns setzt sich also im ersten Fall aus der Summe von Gyrationsradius und Abstand zwischen Dip und Vortexkern zusammen, während im zweiten Fall (pm = +1) der Radius aus der Subtraktion dieser beiden Werte entsteht.

4.4.4 Vortexgeschwindigkeit

Zum resonanten Schalten des Vortexkernes durch Anregung der gyrotropen Mode wurde in der Vergangenheit ein universelles Kriterium vorhergesagt [GLK08, LKY+08]. Der dy-

---

[9]Die Relaxationszeit hängt unter anderem von der Dämpfung α ab. In der hier verwendeten Simulation halbiert sich die Energie nach ca. 1 ns, wenn man die Nullpunktsenergie subtrahiert.

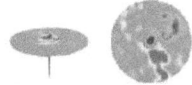

4.4 Dynamische Eigenschaften beim Schalten

namische Ursprung dieses Feldes liegt in der Geschwindigkeit des Vortexkernes, welche in Py bei ca. $320\,m/s$ vorhergesagt und bestätigt wurde [VCW+09]. Da sich die Dynamik des Vortexkernes bei Anregung von Spinwellen deutlich von der gyrotropen Anregung unterscheidet, stellt sich die Frage, ob hier ebenfalls eine solche kritische Geschwindigkeit festgestellt werden kann. Abbildung 4.21 zeigt die Geschwindigkeit des Vortexkerns direkt vor dem Schalten. Entgegen der Erwartung sind die Geschwindigkeiten über das gesamte Diagramm hinweg sehr verrauscht und nehmen einen sehr großen Bereich von deutlich unter dem erwarteten Wert bei ca. $100\,m/s$ bis deutlich über dem erwarteten Wert bei ca. $800\,m/s$ ein. Des Weiteren existieren in den Simulationen Zeitpunkte, bei denen der Vortexkern deutlich über $1000\,m/s$ erreicht, ohne dabei den Schaltvorgang auszulösen. Tendenziell sind die Geschwindigkeiten im Fall $(pm = -1)$ sehr viel kleiner als im Fall $(pm = +1)$.

Diese Varianz der Geschwindigkeit kann wieder im Modell auf Abbildung 2.20 aus Abschnitt 4.2.4 erklärt werden. Eine Voraussetzung für Schalten ist die Sättigung der negativen Magnetisierung des Dips. Das aus der Geschwindigkeit resultierende gyroskope Feld wird durch die Superposition des Spinwellenhintergrundes bei Moden mit $(pm = -1)$ verstärkt und bei Moden mit $(pm = +1)$ abgeschwächt. Um diesen Beitrag zu kompensieren, muss der Vortexkern bei letztgenannten Moden ein höheres gyroskopes Feld erzeugen und damit sehr viel schneller gyrieren. Entsprechend ist der Beitrag im erstgenannten Fall konstruktiv und erfordert damit eine geringere Geschwindigkeit.

Diese Erklärung ist in Einklang mit den Ergebnissen aus Abbildung 4.21. Die dort auftretenden Fluktuationen sind durch Störungen der Dynamik nach dem hier genannten Modell durch nichtlineare Effekte zurückzuführen. So wird der Spinwellenhintergrund auch von Eigenmoden haromischer Frequenzen, sowie kurzwelligen Störungen überlagert. Diese Interpretation ist mit neuen Erkenntnissen von Yoo et al. [YLJK10] in Einklang, welche den kritischen Wert der Geschwindigkeit durch Anlegen eines statischen, senkrechten Magnetfeldes manipulieren.

4.4.5 Schaltzeiten und Mehrfachschalten

Gerade für technologische Anwendungen ist es interessant, wie schnell der Vortexkern umschalten kann. Abbildung 4.22 zeigt für beide Rotationsrichtungen in Abhängigkeit von der Frequenz und der Anregungsamplitude die Zeit, bis der Vortexkern während eines 24-periodigen Bursts umschaltet. Bei über $10\,mT$ können Schaltzeiten deutlich unter $100\,ps$ erreicht werden, was ungefähr einer halben Periode der Anregungsfrequenz entspricht. Aufgrund der höheren Schaltfreudigkeit (siehe Abschnitt 4.4.2) dominiert hier die Mode $(pm = +1)$ deutlich. Prinzipiell kann also durch eine ausreichend hohe Wahl der Amplitude beliebig schnelles Schalten erzielt werden. Im Folgenden wird durch den Effekt des Mehrfachschaltens erläutert, warum die anwendbaren Amplituden unter der Bedingung von *selektivem* Schalten nach oben begrenzt sind.

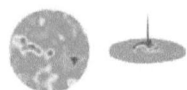

4.4 Dynamische Eigenschaften beim Schalten

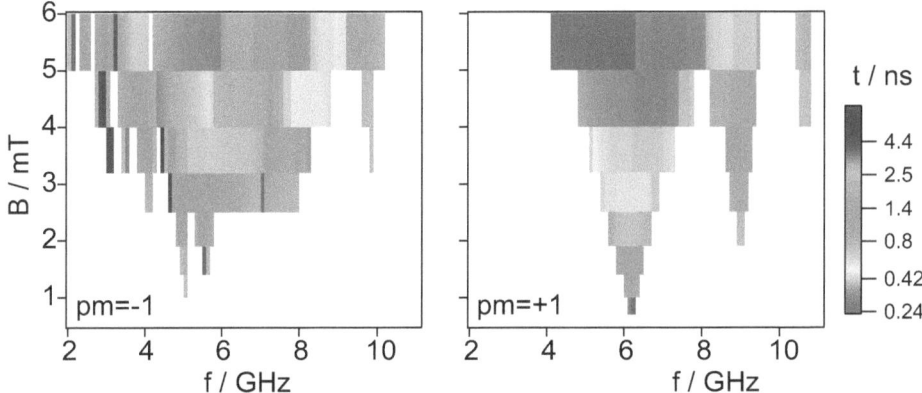

Abb. 4.22: Schaltzeiten. *Zeit während des Bursts von 24 Perioden, bis der Vortexkern das erste mal schaltet. Die Anregungsmode (pm = +1) zeigt sehr viel höhere Schaltgeschwindigkeiten.*

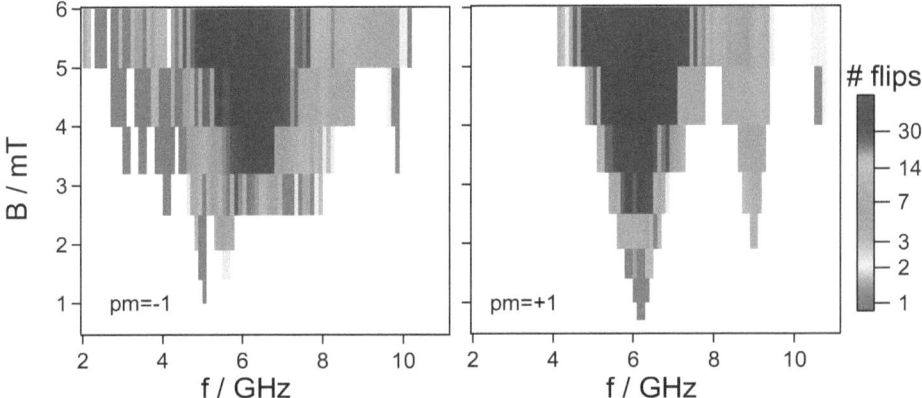

Abb. 4.23: Schaltereignisse pro 24-periodigem Burst. *Gerade bei erhöhter Amplitude bleibt das Schalten nicht auf den ersten Vorgang beschränkt. Es kommt zum Mehrfachschalten. Die meisten Schaltvorgänge werden im Überlappbereich zwischen den Moden ($n = 1, pm = \pm 1$) beobachtet.*

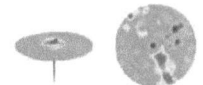

4.4 Dynamische Eigenschaften beim Schalten

Bisher wurde der Idealfall betrachtet, bei dem die Eigenmoden des Systems direkt auf ihrer Resonanzfrequenz angeregt werden. Im Gegensatz dazu zeigt Abbildung 4.18 rechts einen Fall, bei dessen Anregungsfrequenz Moden mit entgegengesetzten Drehrichtungen überlappen. Dies hängt nicht nur von der Frequenz ab, sondern auch von der eingestellten Amplitude, da eine Erhöhung der Ampliutde die Resonanzen verbreitert (siehe z.B. Phasendiagramm auf Abbildung 4.12 unten). Nach dem Schalten des Vortexkerns durch die Mode ($n = 1, m = -1$) koppelt das äußere Feld also weiter an die Mode, da deren neue Eigenfrequenz für ($p = -1$) nicht weit genug von der Anregungsfrequenz entfernt ist. Dies führt zu weiterer Einkopplung von Energie und schließlich zu einem zweiten Schaltvorgang. Dies wiederholt sich so lange, bis das äußere Feld abgeschaltet wird. In diesem Fall gibt es also keine Selektivität mehr und der Endzustand des Vortexkerns hängt lediglich von der Abschaltzeit des Bursts ab. Der Modenüberlapp wird umso größer, je höher die Amplituden gewählt werden.

Wie kritisch dieses Mehrfachschalten im Hinblick auf die Selektivität ist, wird auf Abbildung 4.23 deutlich. Hier sind für die ersten 3 Modenpaare die Anzahl der Schaltvorgänge während der Anregung von 24 Perioden aufgetragen. Beträgt die Anzahl der Schaltvorgänge mehr als 1, so ist selektives Schalten nicht (eindeutig) gegeben, da nicht garantiert werden kann, dass es eine gerade Anzahl von Schaltvorgängen gibt, was effektiv keinem Schalten entspricht (siehe z.B. die Moden $n = 2$). Die niederfrequentesten Moden unterhalb der Mode ($n = 1, pm = -1$) zeigen hier entsprechend sehr stabiles Einfachschalten bis ca. 250% oberhalb der Schaltschwelle, da es keinen Überlapp mit weiteren Moden gibt. Auch die nächsthöherfrequente Mode ($n = 1, pm = +1$) zeigt für einen großen Amplitudenbereich bis etwa 100% oberhalb der Schaltschwelle selektives Schalten, da es sich hier um ein globales Minimum der Schaltamplitude bei Spinwellenanregung handelt und somit ein Modenüberlapp auch leichter ausgeschlossen werden kann. Kein Einfachschalten wird bei der Mode ($n = 2, pm = +1$) beobachtet, während man auch mit der Mode ($n = 2, pm = -1$) noch eindeutig selektiv schalten kann.

Im Gegensatz zu den hier beschriebenen relativ kleinen Bereichen von selektivem Schalten zeigt das Phasendiagramm aus den Experimenten auf Abbildung 4.11 auch für relativ hohe Amplituden noch relativ häufig selektives Schalten. Diese großen Bereiche werde darauf zurückgeführt, dass bei einer Eigenfrequenz die Wahrscheinlichkeit für eine ungerade Anzahl von Schaltvorgängen größer ist, als für eine gerade Anzahl von Schaltvorgängen. Der Grund ist die stärkere Kopplung der Mode an das äußere Feld, wenn diese bei ihrer Eigenfrequenz angeregt wird. Dies ist mit einem deutlich schnelleren Energieanstieg verbunden. Es folgt damit ein im Vergleich zur gegensätzlichen Polarisation relativ schneller Schaltvorgang, womit die Wahrscheinlichkeit gering ist, dass die Anregung bei dieser Polarisation stoppt.

Derartiges Mehrfachschalten bei erhöhter Amplitude wurde auch schon von Kravchuk et al. beobachtet (siehe Abbildung 2.23 aus [KSGM07]). Mit der hier präsentierten Interpretation als spinwelleninduziertes Schalten durch Anregung von bestimmten azi-

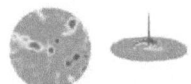

mutalen Moden kann dieser Vorgang nun einfach erklärt werden. Durch Anpassung der Burstlänge kann die Selektivität verbessert werden, was in Kapitel 4.5 behandelt wird.
Die minimale Umschaltzeit des Vortexkerns für das bisher betrachtete Phasendiagramm auf Abbildung 4.22 liegt bei etwa $800\,ps$, wenn man Einmalschalten voraussetzt. Im folgenden Abschnitt wird versucht, diese Schaltzeit zu optimieren.

4.5 Ultraschnelles Schalten des Vortexkernes

Aufgrund seiner thermischen Stabilität, seiner kleinen Größe von nur wenigen $10\,nm$ und der Möglichkeit des selektiven Umschaltens mit HF Pulsen durch Anregung der gyrotropen Mode wird der Vortexkern immer wieder als Kandidat für ein neues Speicherelement in logischen Einheiten wie MRAMS diskutiert. Im Rahmen der Ergebnisse dieser Arbeit wurde gezeigt, dass Vortexkerne mit rund 20 mal höheren Frequenzen – im Bereich von mehreren GHz – umgeschaltet werden können. Prinzipiell kann dies die Möglichkeit zu wesentlich schnellerem Schalten bieten. Die Frage, welche Schaltzeiten diese Methode zulässt, wird im Folgenden untersucht.

Auf Abbildung 4.22 wird deutlich, dass prinzipiell bei ausreichender Amplitude von rund $10\,mT$ Schaltzeiten unterhalb von $100\,ps$ beobachtet werden, was ungefähr einer halben Periode der Anregungsfrequenz entspricht. Anhand von Abbildung 4.23 in Abschnitt 4.4.5 wurde jedoch klar, dass durch derart hohe Amplituden auch ungewollte Schaltereignisse durch Mehrfachschalten oder Modenüberlapp erfolgen. Eine Möglichkeit, solche ungewollten Schaltereignisse zu verhindern, ist eine Begrenzung der ins System gekoppelten Energie durch Verkürzung der Burstlänge. Selektivität ist hier also nicht mehr durch präzise Anregung einer bestimmten Mode gegeben, sondern durch Limitierung der Energie auf die am stärksten koppelnde Mode. Bevor schwächer koppelnde Moden für das Schalten relevant werden, muss der Burst also abgeschaltet werden.

4.5.1 Ultraschnelles Schalten – Simulationen I

Zur Erforschung, welche Schaltzeiten bei Einhaltung der Selektivität erzielt werden können, wurden zunächst mikromagnetische Simulationen zur Untersuchung des Schaltens unter Anregung von einperiodigen Bursts durchgeführt. Dafür wurde ein Frequenzbereich von $3.5 - 10\,GHz$, sowie ein Amplitudenbereich von $4.0 - 12\,mT$ gerastert. Auf Abbildung 4.24 sind zur Überprüfung der Selektivität oben die Anzahl der Schaltvorgänge aufgetragen, während unten die Schaltzeiten gezeigt sind. Wegen der im Vergleich zu der 24-periodigen Anregung auf Abbildung 4.11, bzw. 4.12 deutlich kürzeren Anregungszeit erhöht sich die kritische Schaltamplitude um einen Faktor von 5 – 10. Wie auf Abbildung 4.25 für die Frequenz von $5.7\,GHz$ exemplarisch demonstriert, wird das Spektrum eines solchen kurzen Bursts sehr breitbandig, weshalb auch die Minima sehr breit werden und in eines übergehen, so dass keine feinen Strukturen mehr im Phasen-

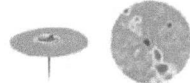

4.5 Ultraschnelles Schalten des Vortexkernes

raum erkennbar sind. Wie angesichts der Ergebnisse bei mehrperiodiger Anregung auf Abbildung 4.22 erwartet, sind die Zeiten bis zum Umschalten gerade in der Nähe der kritischen Amplitude sehr stark von der Amplitude abhängig. Die maximale Amplitude für selektives Schalten mit den Bedingungen *Einfachschalten* und *Schalten nur bei einer Drehrichtung* ist durch die schwarze Linie rechts unten auf Abbildung 4.24 markiert. Diese einperiodige Anregung ermöglicht also zum Beispiel bei $8\,GHz$ eine minimale Zeit zum Umschalten des Vortexkerns von rund $200\,ps$.

Auffällig ist jedoch, dass hier die Länge des Bursts von $125\,ps$ deutlich kürzer ist, das Schalten also erst lange nach dem Abschalten des Bursts eintritt. Abhängig von der angelegten Amplitude ist diese Verzögerung zwischen Schaltzeipunkt und Abschalten der Anregung typischerweise sogar bis zu mehrere $100\,ps$ lang. Zwei extreme Beispiele bei $5.7\,GHz$ sollen das verzögerte Schalten verdeutlichen (rote Kreise auf Abbildung 4.24). Dafür wurde auf Abbildung 4.26 das Anregungsfeld, sowie die maximale Änderung der Magnetisierung über die Zeit aufgetragen. Wie bereits erwähnt, ist letzterer Term ein guter Indikator für den Zeitpunkt der Anihilation von Vortex und Antivortex. Während im unteren Bild bei einer Amplitude von $5\,mT$ das Schalten noch mehr oder weniger unmittelbar nach dem Abschalten des Bursts erfolgt, ist es im oberen Bild bei einer Amplitude von $4\,mT$ bereits mehr als $150\,ps$ verspätet. Wie auf Abbildung 4.24 erkennbar, führt eine weitere Reduktion der Amplitude nicht mehr zum Umschalten der Polarisation. Andererseits induziert eine leichte Erhöhung der Amplitude bereits Mehrfachschalten.

Diese Ergebnisse zeigen, dass eine Verkürzung der Burstlänge die Schaltzeiten um einen Faktor 4 beschleunigt werden können. Die dafür nötigen Parameter müssen jedoch genau gewählt werden.

4.5.2 Ultraschnelles Schalten – Experimente

Die Vorhersagen aus den bisherigen Untersuchungen wurden experimentell durch zeitaufgelöste Beobachtung von selektivem Schalten durch $200\,ps$ Bursts verifiziert. Dieses Experiment an der Grenze der Orts- und Zeitauflösung des Röntgenmikroskops stellt die Beobachtung des bisher schnellsten experimentell erzielten Umschaltprozesses eines Vortexkerns dar.

Zunächst wurde dazu mit Hilfe von statischen Messungen im Röntgenmikroskop ein Parametersatz für ultraschnelles selektives Schalten ermittelt. Die Fouriertransformation der x-Komponente des ermittelten Bursts ist auf Abbildung 4.27 gezeigt. Die maximale Amplitude liegt bei ca. $4.5\,GHz$, so dass der Burst aufgrund seiner Breitbandigkeit im Prinzip sowohl die Mode ($n = 1, pm = -1$), als auch die Mode ($n = 1, pm = +1$) anregen kann. In Kombination mit der angelegten Feldstärke von $4.3\,mT$ kann diesem Experiment ein Punkt im simulierten Phasenraum auf Abbildung 4.24 zugeordnet werden (schwarzer Pfeil). Unter Berücksichtigung der auf Abbildung 4.3 festgestellten Fre-

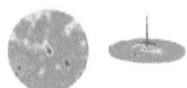

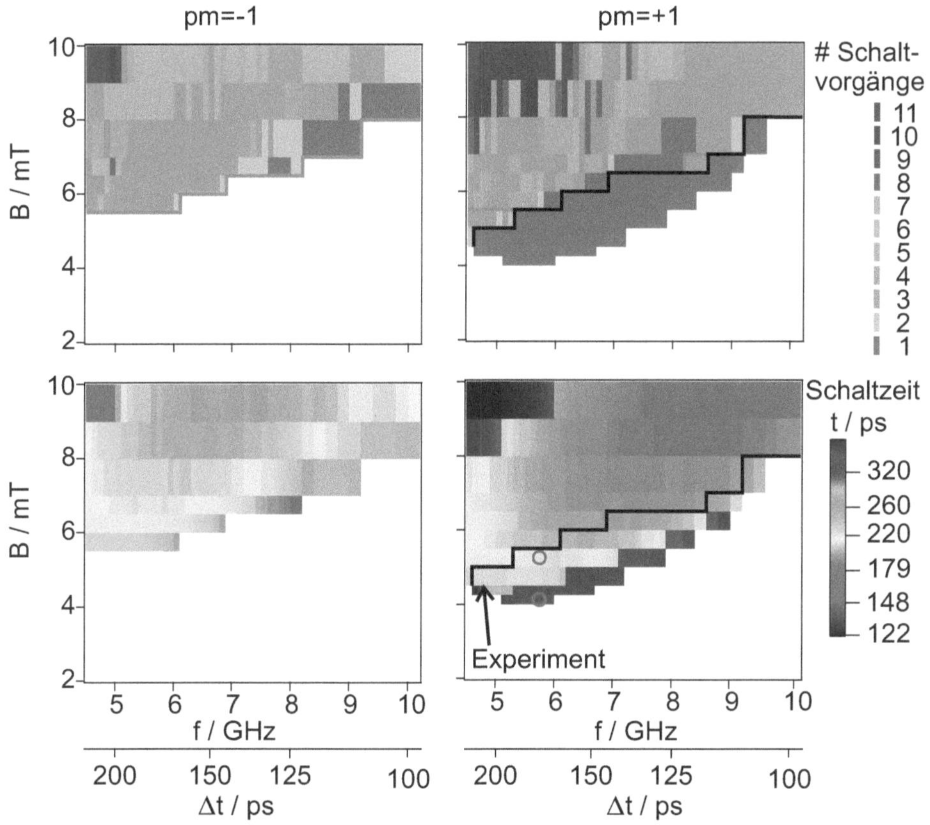

4.5 Ultraschnelles Schalten des Vortexkernes

Abb. 4.24: Schnelles Schalten bei einperiodiger Anregung. *Oben: Anzahl der Schaltvorgänge. Unten: Schaltzeit. Die graue Linie zeigt die kritische Schaltamplitude für die Mode $pm = -1$. Die schwarze Linie zeigt die maximale Amplitude für selektives Schalten durch Hinzunahme der Bedingung für Einfachschalten. Der Pfeil deutet den frequenzkorrigierten Punkt im Phasenraum an, an welchem das Experiment auf Abbildung 4.28 durchgeführt wurde. Die roten Kreise markieren die genauer untersuchten Punkte auf Abbildung 4.26.*

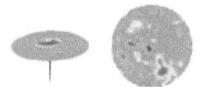

4.5 Ultraschnelles Schalten des Vortexkernes

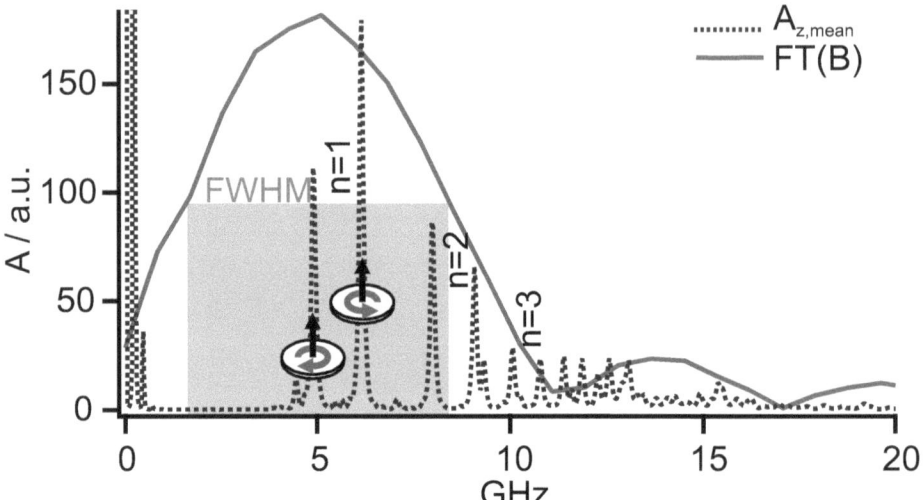

Abb. 4.25: Breitbandige Anregung. *Fourierspektrum eines einperiodigen Bursts der Frequenz 5.7 GHz (roter Punkt auf Abbildung 4.24). Die Kurve der Fouriertransformierten hat ihr Maximum bei 5.0 GHz und weist eine Halbwertsbreite von $\Delta f_{FWHM} = 6.8\,GHz$ auf. Sie deckt damit die Eigenmoden $(n = 1, m = \pm 1)$ und $(n = 2, m = -1)$ ab.*

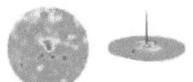

4.5 Ultraschnelles Schalten des Vortexkernes

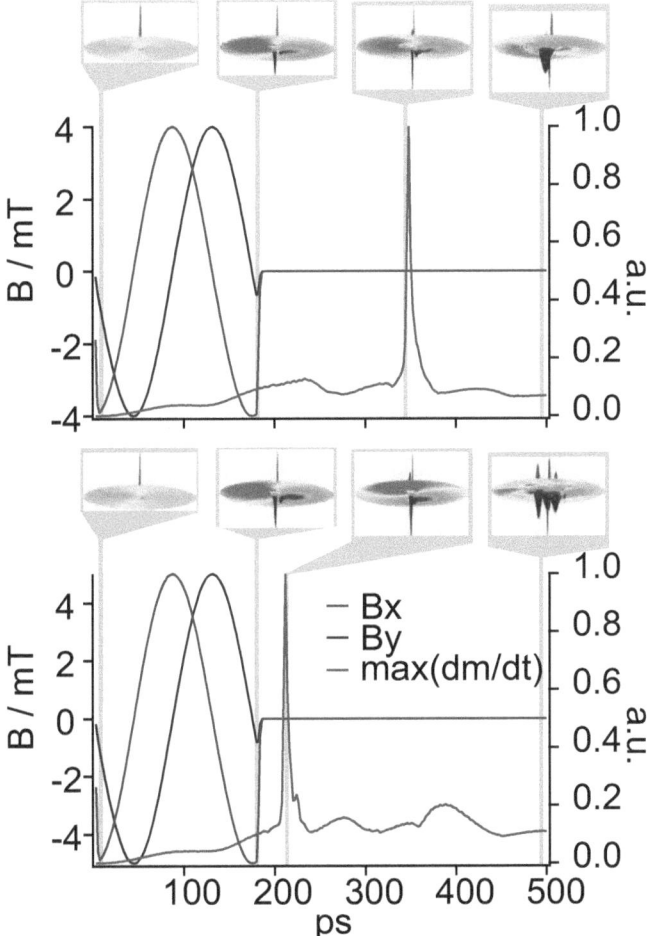

Abb. 4.26: Verzögertes Schalten. *Schalten des Vortexkerns* (max(dm/dt)) *tritt bis zu mehrere 100 ps nach dem Ende des Bursts auf. Die Verzögerung hängt sehr stark von der Anregungsamplitude ab. Hier wurden Amplituden der einperiodigen Anregung bei (5.7GHz) von 4 mT (oben) und 5 mT (unten) angelegt.*

4.5 Ultraschnelles Schalten des Vortexkernes

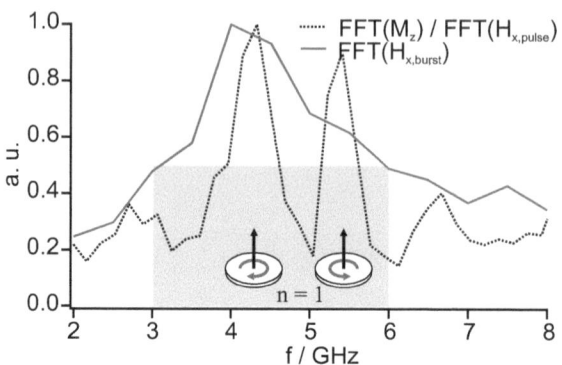

Abb. 4.27: **Fouriertransformierte der** $220\,ps$ **Anregung aus Abbildung 4.14.** *Obwohl der Peak der Anregung bei ca. $4.3\,GHz$ liegt, wird mit diesem kurzen und breitbandigen Burst die Eigenmode $pm = +1$ angeregt, welche bei ca. $5.5\,GHz$ zu finden ist.*

quenzverschiebung stimmen die Vorhersagen zwischen Simulation und Experiment sehr gut überein.

Momentaufnahmen der zeitaufgelösten Messungen, welche diese Schaltsequenz zeigen, sind auf Abbildung 4.28 dargestellt. Die Bilder zeigen die bipolare Anregung der Magnetisierung, welche sich mit der Drehrichtung des äußeren Feldes mitdreht und mit der Zeit ebenfalls ihren Schwerpunkt in der Magnetisierung auf die Mitte konzentriert. Nach dem Burst schwingt die Anregung langsam aus, während der Vortexkern im Zentrum mit entgegengesetzter Polarisation zurückbleibt (vergleiche dazu rechtes und linkes Bild in Abbildung 4.28 A und C). Durch Aufsummation der Einzelbilder zwischen den beiden Bursts kann der Kontrast noch deutlich verstärkt werden, was jeden Zweifel am Schaltprozess widerlegt (siehe auch Abbildung 3.14)[10].

Diesen Ergebnissen folgend schaltet ein (entgegen) dem Uhrzeigersinn gerichteter Burst einen Vortexkern von unten nach oben (oben nach unten). Im Einklang mit den Simulationen entspricht dies einer Anregung und damit der Dominanz der Mode $(n = 1, pm = +1)$.

Die anhand ihres Schaltverhaltens identifizierte Mode kann in den experimentell erzielten Momentaufnahmen durch ihre typische Struktur identifiziert werden. Dazu sind im unteren Teil der Abbildung 4.28 Bilder mit einem zeitlichen Abstand von $11\,ps$ gezeigt. Unterhalb werden die vergleichbaren Simulationen nach einer Faltung mit der gegebenen Frequenz- und Ortsauflösung gegenübergestellt und zeigen qualitativ sehr gute

---

[10] Es soll hier angemerkt werden, dass aufgrund der sehr hohen Statistik allein die Existenz des guten Kontrasts ein selektives Schaltverhalten bei dieser Anregungssequenz bedingt (siehe auch Abschnitt 3.1.5).

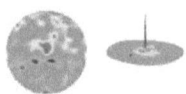

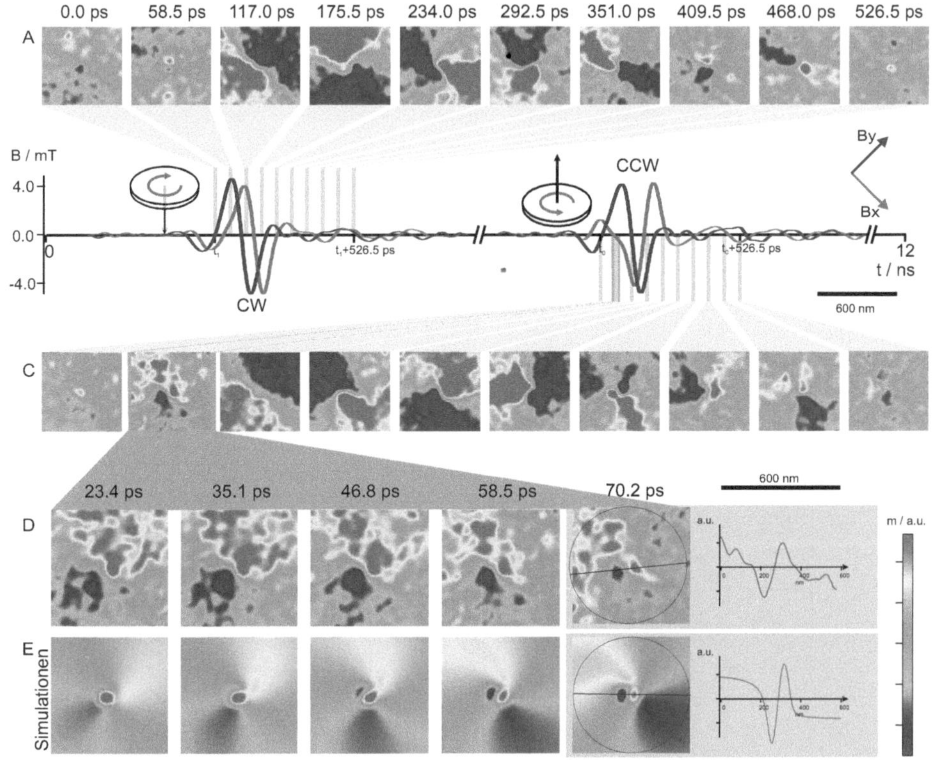

4.5 Ultraschnelles Schalten des Vortexkernes

Abb. 4.28: Zeitaufgelöste Messung von selektivem Schalten mit einer Burstlänge von ca. $250\,ps$ durch Anregung der Mode ($pm = +1$). B zeigt die Komponenten der einperiodigen Feldamplitude in x- und y- Richtung. A (C) zeigt Momentaufnahmen mit einem Abstand von knapp $60\,ps$ während des Umschaltvorgangs von unten nach oben (oben nach unten). D zeigt Momentaufnahmen mit einem Abstand von ca. $12\,ps$ zu Beginn der Anregung während der Ausbildung der doppelten Dipstruktur. E zeigt die mit der Auflösung gefalteten mikromagnetischen Simulationen. Ganz rechts von D und E ist wie angedeutet ein Schnitt durch die Magnetisierung zum Zeitpunkt $70.2\,ps$ gezeigt, der die zwei negativen Extrema zeigt.

4.5 Ultraschnelles Schalten des Vortexkernes

Übereinstimmung. Hier zeigt sich deutlich die Ausbildung des zweiten Dips negativer Magnetisierung auf der sonst positiv magnetisierten Seite des Vortexkerns. Entsprechend Abschnitt 4.3 ist dieser zweite Dip für das Umschalten verantwortlich. Der Dip kann im späteren Verlauf des Films nicht mehr beobachtet werden. Die charakteristische Struktur der Spinwellen wird nämlich im weiteren Verlauf durch kurzwellige Fluktuationen überlagert (siehe zum Beispiel die spiralförmigen Strukturen in den Simulationen auf Abbildung 4.15), was in Kombination mit der begrenzten Auflösung zur Verwischung dieser kleinskaligen Effekte führt.

Der Schaltprozess, also die Bildung des Vortex-Antivortex Paares und die Anihilation des Antivortex mit dem ursprünglichen Vortexkern, kann in diesem Film nicht beobachtet werden. Die Gründe dafür sind wie folgt: Da der Film lediglich die senkrechte Magnetisierung zeigt, nicht jedoch die in der Ebene liegende Magnetisierung, kann der Vortexkern nicht von einem Dip unterschieden werden. Selbiges gilt auch für die Bildung des Vortex-Antivortex-Paares, weil die Auflösungsgrenze des Mikroskops erreicht ist.

Durch Vergleich mit den Simulationen kann der Schaltzeitpunkt auf ca. $300\,ps$ geschätzt werden. Dies entspricht annähernd den Momentaufnahmen bei $351\,ps$ auf Abbildung 4.28 A und C.

Dieses Experiment bestätigt, dass bei dieser noch relativ großen Probengeometrie selektives Vortexkernschalten mit Burstlängen von rund $200\,ps$ bei einer Anregungsamplitude von ca. $4.5\,mT$ möglich ist.

4.5.3 Ultraschnelles Schalten – Simulationen II

Die bisherigen Methoden in Experimenten und Simulationen zeigen eine Limitierung der Schaltgeschwindigkeit des Vortexkerns auf ca. $200ps$. Dies gelang durch Anlegen einer ausreichend hohen Feldamplitude in Kombination mit einer Verkürzung der Burstlänge. Da die eingekoppelte Energie näherungsweise durch die zeitliche Integration des Quadrats der Amplitude des äußeren Feldes gegeben ist, liegt es nun nahe, den Burst einfach unter Erhöhung der Amplitude noch weiter zu verkürzen. Abbildung 4.29 zeigt das Ergebnis, wenn der Burst auf eine halbe Periodenlänge verkürzt ist. Entsprechend der Abschätzung ist die nötige Amplitude bei der Mode ($pm = +1$) zum Schalten hier um ca. 50 % höher. Die entgegengesetzt drehende Mode schaltet erst bei sehr viel höheren Amplituden, was die selektive Anregung sehr erleichtert. Jedoch ist der Bereich, in welchem Einfachschalten vorkommt, in diesem Fall sehr schmal und gibt damit die Bedingung für selektives Schalten vor.

Durch weitere Reduzierung der Anregungszeiten kann in diesem Zusammenhang keine Verkürzung der Schaltzeit des Vortexkerns erreicht werden. Im Bereich selektiven Schaltens sind die Zeiten sogar länger als bei der einperiodigen Anregung.

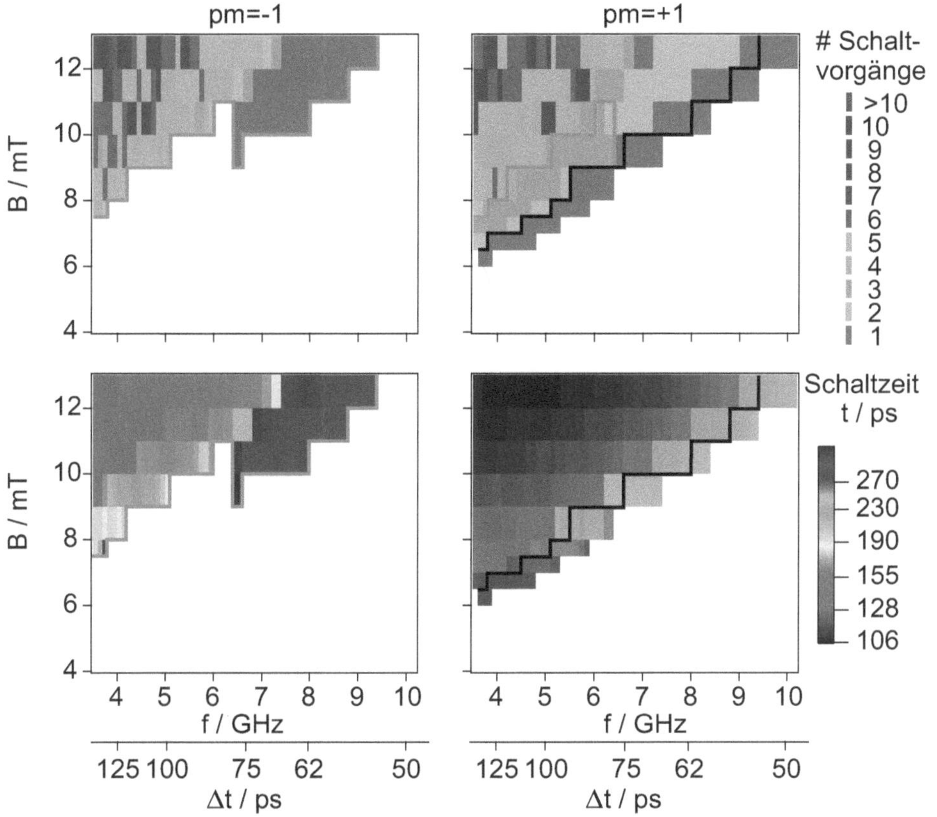

4.5 Ultraschnelles Schalten des Vortexkernes

Abb. 4.29: Schnelles Schalten bei einhalbperiodiger Anregung. *Oben: Anzahl der Schaltvorgänge. Unten: Schaltzeit. Die graue Linie zeigt den Bereich, in der die Mode $pm = -1$ noch nicht schaltet. Die schwarze Linie zeigt den Bereich, in der zusätzlich noch Einmalschalten vorkommt.*

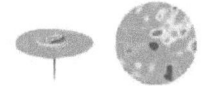

4.5.4 Erklärung für verzögertes Schalten

Den Ursprung des verspäteten Schaltens findet man bei genauerer Betrachtung der Spinwellenentwicklung des oberen Bildes von Abbildung 4.26 anhand von Schnitten durch die Symmetrieachse der Magnetisierung. Diese sind auf Abbildung 4.30 dargestellt. Hier sind zu den Zeitpunkten anfangs, am Ende der Anregung und kurz vor dem Schalten die Magnetisierungen aufgetragen. Zum Vergleich ist zusätzlich in jedem Graph mit der schwarzen Linie das Profil der primär angeregten Eigenmode gezeigt. Zu Beginn der Anregung ist die Amplitude auf jeder Seite des Vortexkerns aufgrund der gleichförmigen Präzession radial homogen verteilt (oben links). Zum Ende des Bursts hat sich der Schwerpunkt der Amplitude mehr in Richtung Zentrum verlagert und passt sich immer mehr der Form der Eigenmode an (mittleres Bild). Kurz vor dem Schalten hat sich die Form – abgesehen von nichtlinearen Fluktuationen – fast vollständig an das Profil der Eigenmode angepasst, was mit einer noch stärkeren Konzentration der Amplitude und damit auch der Energie im Zentrum einhergeht (rechts unten).

Durch eine einfache geometrische Überlegung soll nun dieses Phänomen der verzögerten Konzentration der Energie im Zentrum erklärt werden. Entsprechend den Überlegungen aus Abschnitt 2.3.3 wird für kleine Störungen die Energie zu jedem Zeitpunkt durch ein über den Radius konstantes Drehmoment radial homogen in das System eingekoppelt. Diese Störung breitet sich dann in alle Richtungen aus. Entscheidend ist nun die Ausbreitung dieser Störungen. Betrachtet man wie in Abbildung 4.31 ein kleines Kreissegment, so kann die Änderung der azimutalen Komponente in erster Näherung vernachlässigt werden, da sich benachbarte Ausbreitungen ausgleichen[11]. Bei Betrachtung der radialen Komponente gilt, dass sich die Hälfte der Störung in Richtung positivem Radius und die Hälfte der Störung in Richtung negativem Radius ausbreitet. Beobachtet man nun den Energieinhalt $\delta E = E_0/2$ eines infinitesimalen Flächenstücks $\delta A = r\delta r\delta \phi$ auf dem Weg in Richtung Zentrum, so sieht man, dass die Fläche dieses Segmentausschnitts linear mit dem Radius abnimmt. Die Energiedichte steigt entsprechend mit dem Inversen des Radius: $\delta E/\delta A \sim 1/r$.

Über das Streufeld ist nun die Energiedichte direkt mit der Amplitude der Magnetisierung M_z korreliert, welche demnach ebenfalls sehr stark ansteigt. So ist es möglich, dass verhältnismäßig kleine Störungen außerhalb zu einer signifikanten Amplitude von M_z in der Nähe des Zentrums führen. Im günstigsten Fall wird daraus, wie auf Abbildung 4.30 dargestellt, ein Dip, der schließlich zum Schalten führt. Andererseits ist durch die benötigte Zeit, bis die Energie von außen ins Zentrum transportiert ist, die Schaltzeit durch die Geschwindigkeit der beteiligten oberflächenartigen Spinwellen limitiert.

Die typischen Geschwindigkeiten zur Konzentration der Energie im Zentrum liegen in der Größenordnung von $1000\,m/s$. Anhand einer Abschätzung soll nun gezeigt werden, dass diese oberflächenartigen Wellen, welche für den Energietransport von außen ins Zentrum verantwortlich sind, die gesuchte Erklärung liefern können. Die Gruppen-

---

[11]Dies gilt nur in erster Näherung, da die Amplitude mit dem Sinus des azimutalen Winkels variiert.

4.5 Ultraschnelles Schalten des Vortexkernes

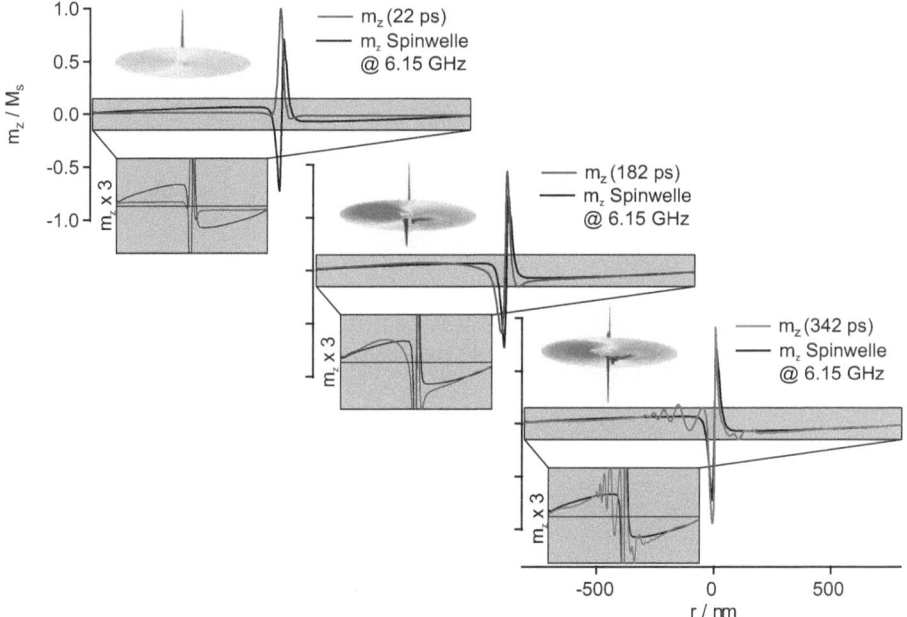

Abb. 4.30: Zeitabhängige Transformation der Spinwelle. *Schnitte durch die Symmetrieachse der Magnetisierung aus Abbildung 4.26 oben. Die Magnetisierung am Anfang des Bursts (22ps) entspricht einer kleinen homogenen Auslenkung. Erst einige 100 ps später bildet sich zum Ende des Bursts (182ps) eine Konzentration der Magnetisierung im Zentrum und gleicht sich dem Profil der Eigenmode an (schwarz). Dieser Prozess wirkt nach dem Burst noch nach und führt schließlich zu nichtlinearer Entwicklung, insbesondere zum Schalten (342ps).*

4.5 Ultraschnelles Schalten des Vortexkernes

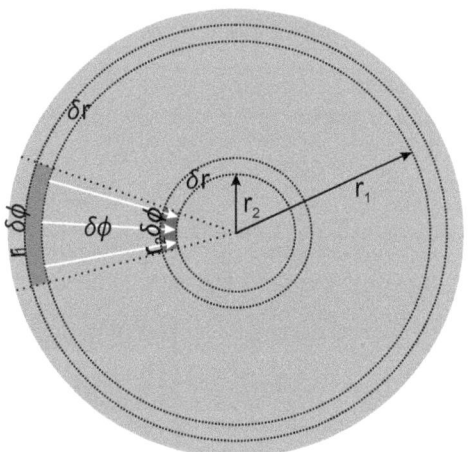

Abb. 4.31: Veranschaulichung der Energiezunahme in Richtung Zentrum.
Gezeigt ist die Vortexscheibe von oben. Die homogen eingekoppelte Energie, welche sich in Richtung Zentrum ausbreitet, konzentriert sich auf eine immer kleiner werdende Fläche, womit die Energiedichte stark (näherungsweise mit dem Inversen von r) ansteigt. Dadurch ist es erklärbar, dass eine geringe Amplitude am Rand zeitverzögert zu einer starken Amplitude im Zentrum führt.

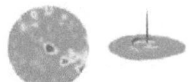

4.5 Ultraschnelles Schalten des Vortexkernes

geschwindigkeit von Oberflächenwellen ohne Randbedingungen in der Ebene ist durch Gleichung 2.74 gegeben. Mit Hilfe des Dispersionsdiagramms aus Abbildung 2.13 und der Annahme einer Wellenlänge des Wellenpakets von ca. $500\,nm$ folgt für die Geschwindigkeit ein Wert knapp unter $1000\,m/s$, was der beobachteten Geschwindigkeit entspricht.

Eine Verkürzung der Schaltzeit wird laut diesem Modell durch eine Erhöhung der Amplitude erreicht, da damit auch Störungen von kleineren Radien und damit kleineren Flächen ausreichen. Jedoch kann die Energie durch homogene Felder nicht lokal, sondern nur radial homogen eingespeist werden. Die Folge ist, dass wenn die zentrumsnah eingekoppelte Energie zum Schalten an einem früheren Zeitpunkt führt, so wird nach hinreichender Zeit auch die Störung aus den Außenbereichen der Vortexstruktur das Zentrum erreichen. Diese Störung beinhaltet nach der obigen Überlegung jedoch deutlich mehr Energie, so dass es dann mit hoher Wahrscheinlichkeit zum erneutem Schalten kommt. Dies ist die Erklärung für das obere Limit selektiven Schaltens.

4.5.5 Weitere Optimierung der Schaltzeiten

Mit der Erklärung aus dem letzten Abschnitt, dass die Weglänge der Spinwellen vom Außenbereich der Vortexstruktur ins Zentrum für die Verzögerung im Schalten verantwortlich ist, legt nahe, zur Verkürzung der Schaltzeiten kleinere Proben zu verwenden. Ein weiterer Vorteil ist hier, dass entsprechend Gleichung 2.89 mit der Verkleinerung des Radius bei gleichbleibender Dicke höhere Resonanzfrequenzen resultieren. So kann prinzipiell eine kürzere Anregung verwendet werden. Exemplarische Beispiele für kurzes Schalten bei Probenradien von $240\,nm$, $120\,nm$, sowie $40\,nm$ sind auf den Abbildungen 4.32, 4.33 und 4.34 gezeigt. Es können so Schaltzeiten von rund $150\,ps$ bei ($240\,nm$), sowie $70\,ps$ bei ($120\,nm$) und ($40\,nm$) erzielt werden. Die Ergebnisse sind in Tabelle 4.1 zusammengefasst.

Beim Vergleich der Phasendiagramme zeigt sich, dass sowohl die Schaltamplituden, als auch das Einfachschalten sehr stark von der gewählten Geometrie abhängt. Des Weiteren gibt es vor allem bei der relativen Schaltamplitude zwischen entgegengesetzt rotierender Anregungen eine sehr starke Abhängigkeit von der Anregungszeit. Dies wird an weiteren Diagrammen im Anhang A.8 deutlich. So zeigt sich zum Beispiel bei der Probe mit $120\,nm$ Radius eine Umkehr der Dominanz von ($pm = -1$) nach ($pm = +1$) bei sehr kurzen Bursts von einer viertel Periode der Anregungsfrequenz.

Auch bei dieser kurzzeitigen Anregung ist es im Hinblick auf möglichst schnelle Schaltzeiten erstrebenswert, eine Dominanz der Mode ($pm = +1$) zu erzielen, da bei ihr in Analogie zu Abschnitt 4.4.2 auch in diesem Fall bei gleichen Punkten im Parameterraum deutlich schnelleres Schalten beobachtet wird.

Zu bemerken ist schließlich, dass die Schaltzeiten nicht linear mit dem Radius abnehmen. Dies kann auf die Gruppengeschwindigkeit dieser oberflächenartigen Wellen zurückgeführt werden, welche nach Abschnitt 2.13 mit kleineren Wellenlängen abneh-

4.5 Ultraschnelles Schalten des Vortexkernes

Radius / nm	Burstlänge / T	Amplitude / mT	Schaltzeit / ps	Mode / pm
810	1	6	200	+1
810	1/2	12	210	+1
240	1	19	250	+1
240	1/2	35	150	−1
120	1	60	140	−1
120	1/2	100	130	−1
120	1/4	110	70	+1
40	1	150	120	−1
40	1/4	150	150	−1
40	1/4	300	75	+1
40	1/8	500	190	−1

Tab. 4.1: Schaltzeiten bei ultraschnellem Schalten. *Gezeigt sind die minimalen Zeiten für selektives Schalten bei verschieden kurzen Anregungsdauern in Einheiten der Periodendauer T und verschiedenen Probenradien bei einer konstanten Dicke von $50\,nm$.*

men.

Mit diesen Erkenntnissen kann davon ausgegangen werden, dass die Schaltzeit unter Optimierung von Materialparametern wie Radius, Dicke, Sättigungsmagnetisierung, Anregungssequenz deutlich optimiert werden kann. Eine systematische Untersuchung dieses hochdimensionalen Parameterraumes überschreitet jedoch den Rahmen dieser Arbeit.

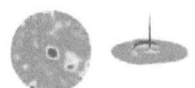

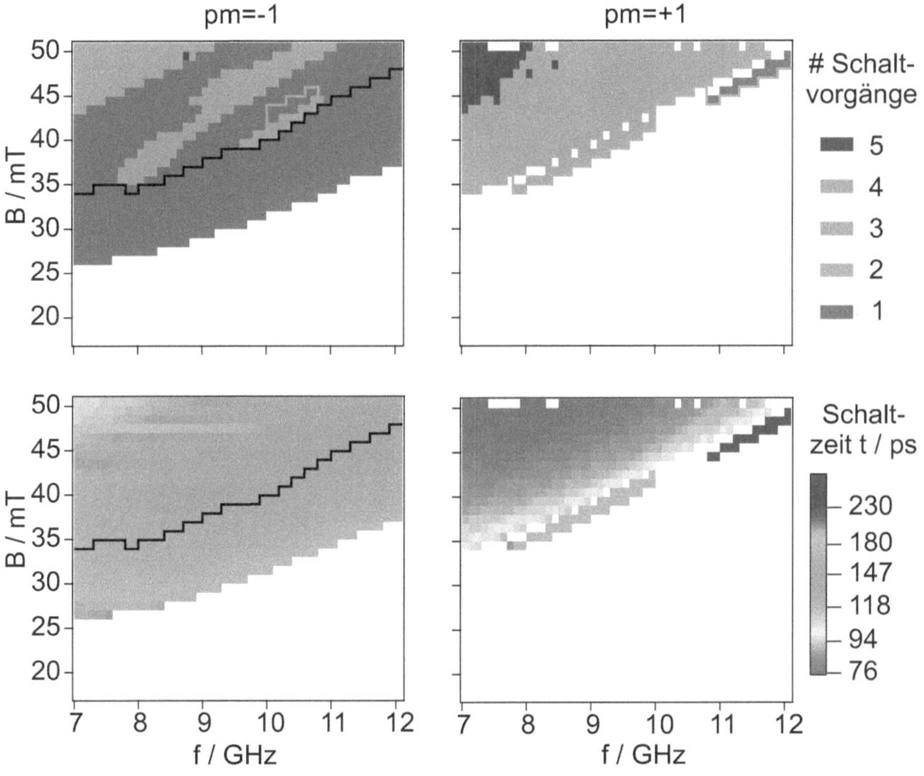

Abb. 4.32: **Schnelles Schalten bei einhalbperiodiger Anregung einer Probe mit einem Radius von** 240 nm. *Oben: Anzahl der Schaltvorgänge. Unten: Schaltzeit. Die graue Linie zeigt den Bereich, in der die Mode pm = −1 noch nicht schaltet. Die schwarze Linie zeigt den Bereich, in der zusätzlich noch Einfachschalten vorkommt.*

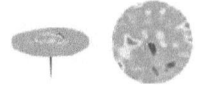

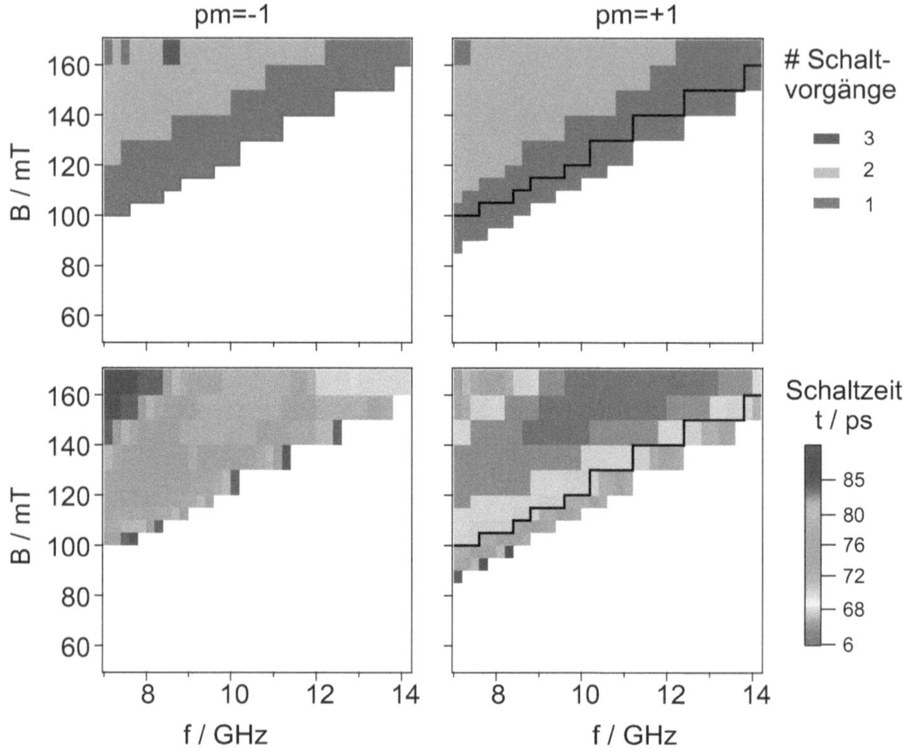

4.5 Ultraschnelles Schalten des Vortexkernes

Abb. 4.33: Schnelles Schalten bei einviertelperiodiger Anregung einer Probe mit einem Radius von 120 nm. *Oben: Anzahl der Schaltvorgänge. Unten: Schaltzeit. Die graue Linie zeigt den Bereich, in der die Mode pm = +1 noch nicht schaltet. Die schwarze Linie zeigt den Bereich, in der zusätzlich noch Einfachschalten vorkommt. Selektives Schalten kann damit bei unter 70 ps erzielt werden.*

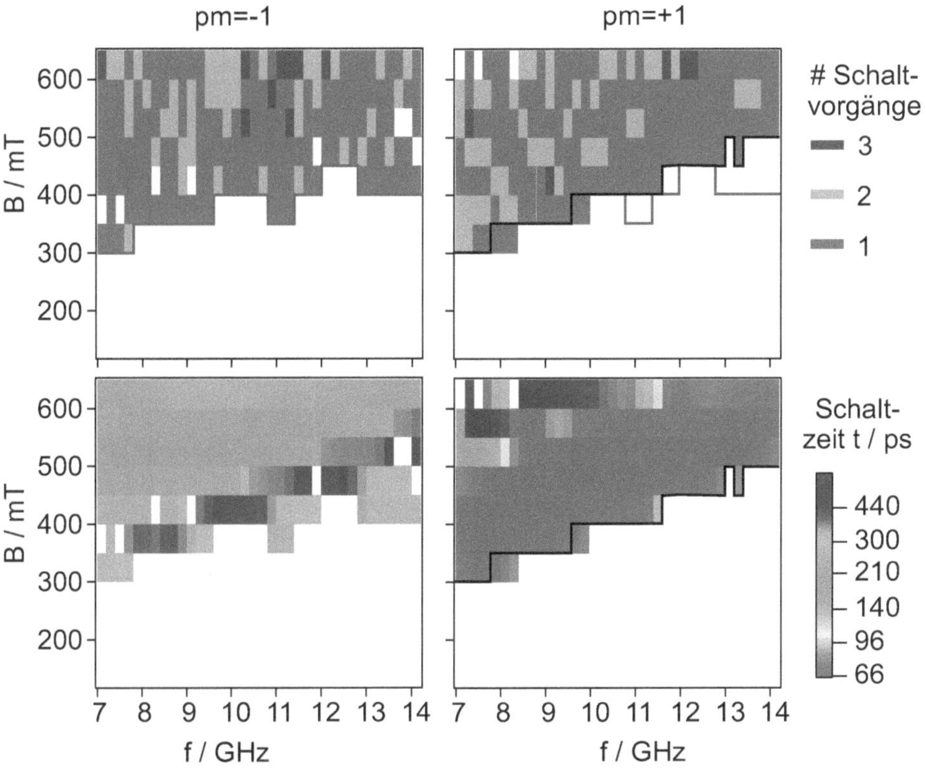

4.5 Ultraschnelles Schalten des Vortexkernes

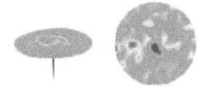

Abb. 4.34: Schnelles Schalten bei einviertelperiodiger Anregung einer Probe mit einem Radius von $40\,nm$. *Oben: Anzahl der Schaltvorgänge. Unten: Schaltzeit. Die graue Linie zeigt den Bereich, in der die Mode* $pm = +1$ *noch nicht schaltet. Die schwarze Linie zeigt den Bereich, in der zusätzlich noch Einfachschalten vorkommt. Selektives Schalten kann damit bei unter* $70\,ps$ *erzielt werden.*

4.5 Ultraschnelles Schalten des Vortexkernes

5 Zusammenfassung und Ausblick

5.1 Zusammenfassung

Ziel dieser Arbeit war das selektive Anregen und Beobachten azimutaler Spinwellen in magnetischen Vortexstrukturen mit Hilfe von rotierenden GHz-Feldern. Die Symmetriebrechung dieser Spinwellen durch den Vortexkern wurde im weiteren Verlauf zur unidirektionalen Inversion seiner Polarität ausgenutzt.

Auf Basis einer Hochfrequenzschaltung zur Erzeugung von rotierenden Feldern im sub-GHz Bereich wurde ein Anregungskonzept entworfen, welches die Erzeugung von rotierenden Feldern mit Frequenzen von mehr als $10\,GHz$ erlaubt. Durch eine nicht isolierte, gekreuzte Leiterbahn unterhalb der Probe wurden dazu senkrecht zueinander orientierte AC Ströme mit definierter Phasenbeziehung geleitet. Neben der speziellen Treiberschaltung war die Entwicklung einer hochfrequenztauglichen Platine mit Hilfe von Time Domain Reflektometrie und Netzwerkanalyse nötig, womit im gewünschten Frequenzbereich ein Dämpfungsverhalten von wenigen dB erzielt wurde.

Durch Optimierung der zeitaufgelösten Messmethodik am neuen Röntgenmikroskop MAXYMUS an der BESSY II in Berlin wurden Momentaufnahmen der Magnetisierung mit Zeitschritten bis unter $10\,ps$ ermöglicht, womit magnetostatische Spinwellen, sowie das damit verbundene Schalten des Vortexkerns zeitaufgelöst abgebildet werden kann.

Zunächst wurde das Spinwellenspektrum der verwendeten Vortexstruktur in Pump-Probe-Experimenten breitbandig angeregt und mit Hilfe von lokalen Fouriertransformationen analysiert. Die Ergebnisse wurden mikromagnetischen Simulationen gegenübergestellt und durch diese vervollständigt.

Die rotierenden GHz-Felder ermöglichen erstmals eine selektive Anregung einzelner azimutaler Moden. Zeitaufgelöste Abbildungen der Magnetisierungsdynamik mit einer Ortsauflösung von ca. $30\,nm$ ermöglichten die Beobachtung prinzipieller Unterschiede in der Struktur entgegengesetzt rotierender Eigenmoden. Zur Erklärung dieser Phänomene wurde ein anschauliches Modell entwickelt, welches durch umfassende Simulationen bestätigt werden konnte.

Eine selektive Anregung dieser Moden mit rotierenden GHz-Bursts war die Voraussetzung für unidirektionales Umschalten des Vortexkerns. Im Experiment wurden Phasendiagramme zum Schalten des Vortexkerns über einen weiten Frequenz- und Amplitudenbereich erstellt, welche nicht nur theoretische Vorhersagen bestätigen, sondern weit über diese hinaus gehen. Zeitaufgelöste Momentaufnahmen, sowie Resultate aus vergleichba-

ren mikromagnetischen Simulationen, bestätigten die Interpretation des Schaltmechanismus als spinwelleninduziertes Schalten durch gezielte Anregung gewisser azimutaler Eigenmoden.

Umfangreiche Simulationen wurden zur detaillierteren Untersuchung der Dynamik dieses Schaltprozesses durchgeführt und analysiert. Im Rahmen des oben angesprochenen Modells konnten viele der Beobachtungen vor und nach dem Schalten des Vortexkerns qualitativ beschrieben und erklärt werden, insbesondere viele charakteristische Unterschiede zwischen entgegengesetzt rotierenden Eigenmoden.

Im Hinblick auf technologische Anwendungen wurde schließlich ein möglichst schnelles Schalten unter Einhaltung der Selektivität durch möglichst kurze Feldbursts untersucht. Bei der gegebenen Probe konnte mit hoch zeitaufgelösten Experimenten ein unidirektionales Schalten bei einer Burstlänge von rund $200\,ps$ beobachtet werden. Die Analyse der entsprechenden mikromagnetischen Simulationen zeigt hier eine Verzögerung des Umschaltprozesses von bis zu mehreren $100\,ps$ nach dem Abschalten des Bursts. Mit Hilfe von geometrischen Überlegungen konnte diese Verzögerung auf die Laufzeit der homogen eingekoppelten Störung vom Außenbereich ins Zentrum der Vortexstruktur erklärt werden. Die Arbeit schließt mit ersten Ansätzen zur Optimierung der Schaltzeiten auf unter $100\,ps$.

5.2 Ausblick

Die experimentelle Realisierung und Interpretation eines selektiven Schaltens des Vortexkerns durch Anregung von Spinwellen hat zu einem erweiterten Verständnis über die nichtlineare Vortexdynamik geführt. Jedoch erfordert der damit verbundene vielfältige Parameterraum, dessen physikalischer Einfluss auf die Vortexdynamik von Bedeutung sein könnte, weitere systematische Untersuchungen. So können die vorgestellten Modelle durch Vervollständigung der Untersuchungen getestet und gegebenenfalls angepasst werden.

Abgesehen davon wurde gezeigt, dass durch Variation von Parametern wie der Anregungsdauer oder des Radius der Probe Asymmetrien zwischen entgegengesetzt rotierenden Moden bezüglich ihrer Tendenz zum Einleiten des Schaltmechanismus generiert werden können. Hier fehlt es nach wie vor an einem grundlegenden physikalischen Verständniss dieser Mechanismen. Eine Optimierung aller Parameter bezüglich der Schaltgeschwindigkeit dieses potentiellen Speicherbits könnte zu Schreibzeiten von deutlich unter $100\,ps$ führen. Aufgrund der tendenziell kürzeren Schaltzeiten zeigt sich, dass hier eine Dominanz der Mode $pm = -1$ zu bevorzugen ist.

Der Mechanismus des Umschaltens stellt einen Extremfall für die mikromagnetische Theorie dar. Eine detailliertere Beobachtung wäre deshalb hilfreich, um ein tieferes Verständnis in der Magnetisierungsdynamik zu erhalten. Dies könnte durch eine geschickte Kombination zeitaufgelöster Aufnahmen von senkrechter und in der Ebene liegender

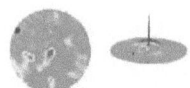

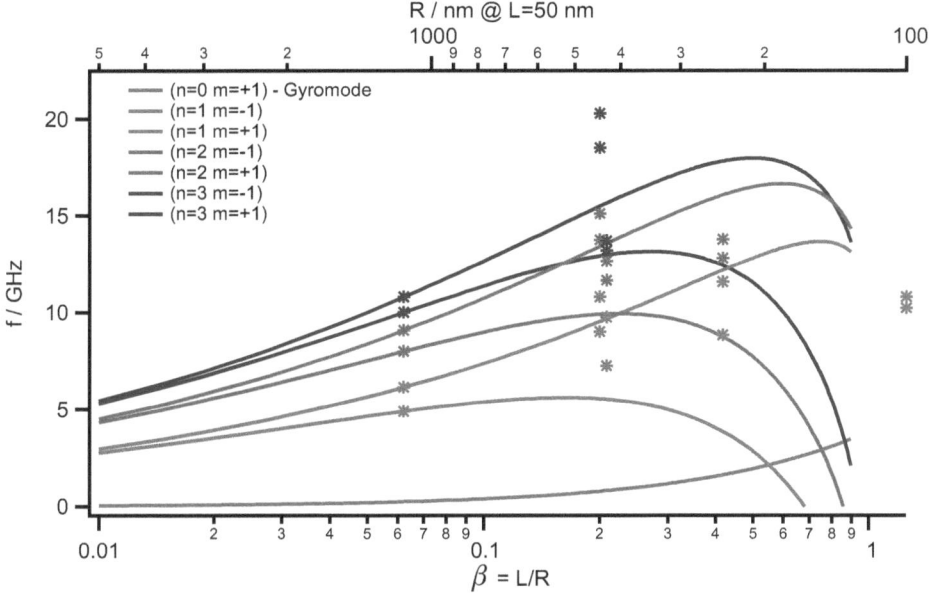

Abb. 5.1: Skalierung der Spinwellenfrequenzen mit dem Aspektverhältnis der Struktur. *Die Linien entsprechen den Skalierungsgesetzen aus der Literatur für den Bereich $\beta < 0.1$, welche an die simulierten Eigenfrequenzen für $\beta = 0.062$ angepasst wurden. Die Punkte sind Ergebnisse aus Simulationen für größere Aspektverhältnisse β.*

Magnetisierung möglich werden. Mit einer solchen Methode und der Annahme von konstanter Magnetisierung könnte so der vollständige dreidimensionale Vektor extrahiert werden. In speziellen Betriebsmodi der BESSY (siehe z.B. low-α Mode) könnte durch Beobachtung von ausreichend reproduzierbaren Experimenten mit genügender Ortsauflösung die Position des Vortexkerns präziser bestimmt, sowie bestenfalls ein Vortex-Antivortex-Paar beobachtet werden. Um den deutlich geringeren Fluss in diesem Betriebsmodus, sowie die statistische Verwischung des Schaltvorgangs zu kompensieren, bedarf es einer Anregungssequenz mit sehr hoher Wiederholrate. Hierzu ist eine Optimierung der Schalt- und Relaxationszeiten auf möglichst unter $100\,ps$ nötig. All dies ist jedoch von der räumlichen und zeitlichen Auflösungsgrenze des Mikroskops abhängig.

Nicht nur wegen ihres Einflusses auf die Schaltgeschwindigkeit sind die Eigenfrequenzen der azimutalen Spinwellen von Interesse. Da die Frequenzaufspaltung nicht identisch mit der Verschiebung der mittleren Frequenz skaliert, ist zum Beispiel zu beachten, dass

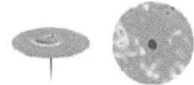

5.2 Ausblick

ein Überlapp bei bestimmten Eigenfrequenzen nicht zu einer Entartung bestimmter Moden führt. Die Frequenzen können durch geometrische Faktoren und Materialeigenschaften modifiziert werden. Zur Untersuchung der Abhängigkeiten bedarf es noch weiterer, systematischer Untersuchungen. So skalieren nach bisherigen analytischen und simulierten Ergebnissen die Resonanzfrequenzen annähernd mit der Wurzel aus dem Aspektverhältnis. Abbildung 5.1, zeigt jedoch, dass die gängigen Modelle und Berechnungen nur für relativ große Proben gültig sind. Dies wird auch in einer aktuellen Arbeit von Vogt et al. teilweise bestätigt [VSS+11]. Insbesondere wird deutlich, dass die Frequenzen nicht mehr alleine vom Aspektverhältnis abhängen, sondern dass die Abhängigkeit von Dicke und Radius getrennt betrachtet werden muss. Spinwellen in kleineren Proben, bei welchen die Austauschwechselwirkung mehr zum Tragen kommt, wurden bisher analytisch und experimentell nur wenig untersucht. Gerade diese Proben sind jedoch für technologische Anwendungen von größerem Interesse.

Aus technologischer Sicht stellt dieser Schaltmechanismus die Möglichkeit dar, ein potentielles Speicherbit sehr schnell umzuschalten. Es fehlt nach wie vor an einer effektiven Methode, um dieses Speicherbit auch wieder in Echtzeit auszulesen. Erste Ansätze dafür wurden 2010 von Nakano et al. [NCS+10] präsentiert.

In Analogie zum in dieser Arbeit präsentierten Superpositionsmodell wurde in letzter Zeit auch in weiteren Arbeiten die Kombination aus Feld- und Magnetisierungskomponenten zur Beobachtung neuer physikalischer Effekte, sowie zur gezielten Manipulation der Dynamik genutzt [DRP+09, PDK+10, Pig11, YLJK10, YLHK11]. Die Kombinationsmöglichkeiten sind bisher längst nicht ausgeschöpft.

Neben den interessanten physikalischen Phänomenen über die nichtlineare Magnetisierungsdynamik von Vortexstruckturen machen diese Erkenntnisse den magnetischen Vortex zu einer Ausgangsbasis für schnelle technologische Anwendungen, bei welchen neben dem ultraschnellen Schaltmechanismus auch eine ausgezeichnete thermische Stabilität nötig ist. Eine von vielen Verwendungsmöglichkeiten wäre der Einsatz von magnetischen Vortexkernen in sehr schnellen Sensoren oder auch in magnetischen (V-)MRAMs.

6 Summary and Outlook

6.1 Summary

The purpose of this work was the selective excitation and observation of azimuthal spin wave modes in magnetic vortex structures with the help of rotating GHz fields. The symmetry breaking of these spin waves due to the vortex core was then exploited to unidirectionally reverse its polarity.

On the basis of a high frequency scheme for the creation of rotating fields in the sub-GHz regime, an excitation concept capable of creating rotating fields with more than $10\,GHz$ was designed. Perpendicular AC currents with a well-defined phase relation were sent through a non-isolated crossed strip line below the sample. For this high frequency range, besides the specific driver circuit, the development of a RF-board with the help of time domain reflectometry and network analysis was necessary with which the damping properties could be decreased down to several dB.

By optimizing the time resolved measurement technique at the new X-ray microscope MAXYMUS at BESSY II, Berlin, snapshots of the magnetization with time steps well below $10\,ps$ could be achieved which enabled time resolved imaging of the magnetostatic spin waves as well as the related reversal of the vortex core.

At first the spin wave spectrum of the observed vortex structure was excited in a pump and probe experiment at a broad frequency band and was analyzed with the help of local Fourier transformations. The results were compared and completed with micromagnetic simulations.

For the first time the rotating GHz-fields allowed selective excitation of single azimuthal modes. Time resolved snapshots of the magnetization dynamics with a lateral resolution of around $30\,nm$ led to the observation of principal differences in the structure of counter rotating modes. In order to explain these observations a descriptive model was developed, which was confirmed by numerous simulations.

A selective excitation of these modes with rotating GHz-bursts was the precondition for a unidirectional reversal of the vortex core. Phase diagrams about vortex core reversal were experimentally established over a broad range in frequency and amplitude which not only confirmed theoretical predictions, but went far beyond them. Time resolved measurements as well as results from comparable micromagnetic simulations confirmed the interpretation of the switching mechanism as a spin wave induced reversal due to selective excitation of certain azimuthal eigenmodes.

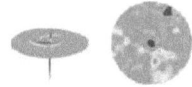

Extensive simulations were performed and analyzed in order to accurately examine the dynamics of the reversal process. Many of the observations before and after the reversal process could be explained in the framework of the developed model, in particular many characteristic differences between counter rotating eigenmodes.

With regard to technological applications, the possibility of a minimization of the reversal time under the maintenance of selectivity with ultra-short field bursts was investigated. With the given sample, unidirectional switching with burst lengths down to $200\,ps$ could be achieved experimentally. The analysis of the corresponding micromagnetic simulation shows a delay of the switching process as long as several $100\,ps$ after the end of the burst. With the help of geometrical considerations, this retardation could be assigned to finite expansion times of the homogeny injected amplitude towards the center of the sample. The work is concluded by first attempts to optimize the reversal times of the vortex core to below $100\,ps$.

6.2 Outlook

The experimental verification and interpretation of a selective reversal of the vortex core by excitation of spin waves has led to a broader understanding about nonlinear vortex dynamics. However the associated high dimensional parameter space whose physical influence on the vortex dynamics could be of impact on the vortex dynamics demands for further systematic investigations. The presented model, for instance, could be affirmed by further investigations and adapted if necessary.

Furthermore it was shown that the variation of specific parameters like the burst length or the radius of the sample leads to a manipulation of the asymmetry between counter rotating modes concerning their tendency to induce the reversal mechanism. But still a basic physical understanding of this mechanism is missing. However an optimization of all parameters concerning the switching times of this potential memory bit could lead to writing times well below $100\,ps$ In this respect, the mode ($pm = +1$) should be preferred due to its tendency of much faster switching times.

The reversal mechanism turns out to be an extreme case for the micromagnetic theory. Thus a more detailed experimental observation could help in order to get further insight in the magnetization dynamics. For instance a smart combination of time resolved measurements in the plane and perpendicular to the plane could make this possible. With the assumption of a constant magnitude of the magnetization vectors this method can enable to extract the whole 3 dimensional vectors.

Special operation modes at BESSY (i.e. low-α mode) as well as precisely reproducible experiments could allow a better observation of the vortex core, or maybe even a vortex-antivortex pair during the excitation. In order to compensate the lower X-ray intensity in this operation mode as well as statistical smearing, excitation sequences with very high repetition rates are necessary. Therefore it would be important to decrease the

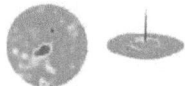

6.2 Outlook

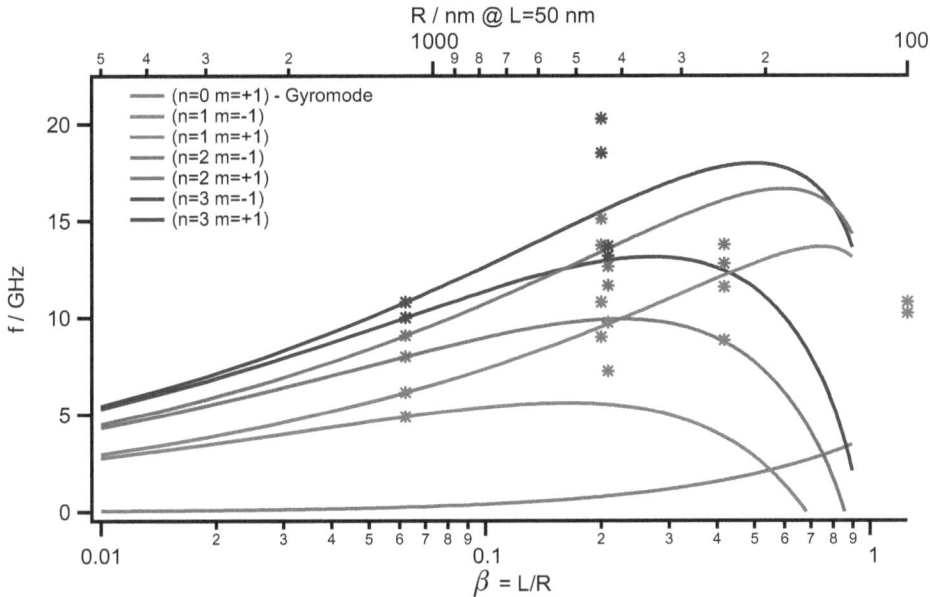

Abb. 6.1: Scaling of the spin wave frequencies with respect to the aspect ratio. *The lines correspond to the respective scaling laws given in the literature for $\beta <$ 0.1, which were fit to the simulated eigenfrequencies at $\beta = 0.062$. The dots correspond to results of the micromagnetic simulations for other aspect ratios, mostly in the higher β regime.*

switching and relaxation times well below $100\,ps$. However, the limits of the lateral and temporal resolutions of the microscope have to be taken into consideration.

Not only due to its influence on the switching times the eigenfrequencies of the azimuthal spin waves are of interest. Because the frequency splitting does not scale identically with the mean mode frequency, it has to be considered that an overlap between two certain modes could lead to undesired degeneracies. The frequencies can be manipulated by altering geometric factors or material parameters. For instance there exists a scaling law with the square root of the aspect ratio of the sample. However Fig. 6.1 illustrates that the known scaling laws are only valid for relatively large samples where the exchange interaction can be neglected. This is to some extend also confirmed by new results of Vogt et al. [VSS+11]. In particular the scaling of the radius and the thickness can no longer be treated as a fraction by the aspect ratio but have to be treated separately.

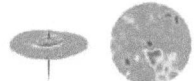

6.2 Outlook

There are only few works on spin waves in very small vortex structures, where the exchange interaction has to be considered. But particularly this kind of structure is of great interest for technological applications.

From the technological point of view, the observed mechanism allows very short switching times for a potential memory bit. But still there is lack of methods for reading out this bit in an effective way. First results have been presented by Nakano et al. in 2010 [NCS+10].

In the present work a superposition model was developed, in which several field and magnetization components were combined. Recent works show similar approaches where smart combinations of different fields yield to new physical effects as well as aimed manipulation of the dynamics [KWC+11, DRP+09, PDK+10, Pig11, YLJK10, YLHK11].

Besides the interesting physical insight in nonlinear magnetization dynamics of magnetic vortex structures these results propose the vortex as a basis of fast technological applications where in addition to the very fast switching times also a high thermal stability is demanded. One of many possibilities would be the employment of the vortex core in very fast sensors or magnetic (V-)MRAMs.

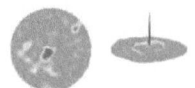

A Anhang

A Anhang

A.1 Detaillierte Beschreibung der $10\,GHz$ Schaltung

Ein detaillierter Aufbau der Schaltung zur Erzeugung von rotierenden Strömen bis mehr als $10\,GHz$ ist auf Abbildung A.1 gezeigt. Die Referenzzeit für die Frequenz der Elektronenpakete wird in Form eines ca. $500\,MHz$ Signals von der Synchrotronquelle geliefert. Damit wird neben der zeitaufgelösten Messung der Signalgenerator synchronisiert, wofür es zunächst mit Hilfe von Frequenzteilern in ein $10\,MHz$ aufbereitet werden muss. Der Signalgenerator erzeugt mit Hilfe dieser Referenz Frequenzen von bis zu $6\,GHz$ bei einer Amplitude von $8\,dBm$. Zum Erreichen höherer Frequenzen bis zu $12\,GHz$ muss die abgebildete Schaltung mit einem zusätzlichen Frequenzverdoppler, sowie eines Verstärkers am Ausgang des Generators modifiziert werden. Zunächst sollen die wichtigsten Bestandteile dieser Schaltung erläutert werden, bevor eine Beschreibung einzelner Komponenten zur weiteren Modifikation des Signals folgt.

Das kontinuierliche, sinusförmige Signal wird durch einen Leistungsteiler aufgeteilt. Ein Zweig wird durch eine Teilerkette auf die doppelte Frequenz des gewünschten periodischen Anregungszykluses eingestellt und so zum Pulsereingang geleitet. Mit dieser Frequenz erzeugt der Pulser entsprechend zwei Pulse pro Anregungszyklus: einen für den CW und einen für den CCW Burst. Dieses Signal wird mit Hilfe eines Frequenzmischers mit dem zweiten Zweig des Signalgenerators multipliziert. Ein weiterer Leistungsteiler sorgt für eine Aufspaltung in den x- (oben) und y- (unten) Zweig. Eine Verzögerungsleitung an einem der Zweige sorgt für den Phasenversatz zwischen x und y von $+90°$. Anschließend folgt ein weiterer Frequenzmischer. An einem der Zweige ist eine DC-Quelle angeschlossen, um den Pegel zu regulieren. Am anderen Zweig ist der zweite Ausgang des Pulsers angeschlossen. Hier wird anstelle eines konstanten Pegels dessen Vorzeichen mit der Hälfte der an der Probe anliegenden Frequenz multipliziert, um jeden zweiten Burst zu invertieren und damit den Phasenversatz abwechselnd zwischen $+90°$ und $-90°$ hin- und herzuschalten. Zur Erzeugung der symmetrischen Anregung mit konstantem Potential in der Mitte des Kreuzes wird dieses Signal mit Hilfe von Baluns nochmals aufgeteilt, womit einer der Kanäle invertiert wird. Diese 4 Signale werden durch die gekreuzte Leiterbahn geleitet, was die rotierenden Magnetfelder über dem Kreuzungspunkt erzeugt.

Um an allen Hochfrequenzbauteilen den optimalen Pegel zu erhalten, wird im gesamten Aufbau das Signal mit Hilfe von Verstärkern und Dämpfungsgliedern angepasst.

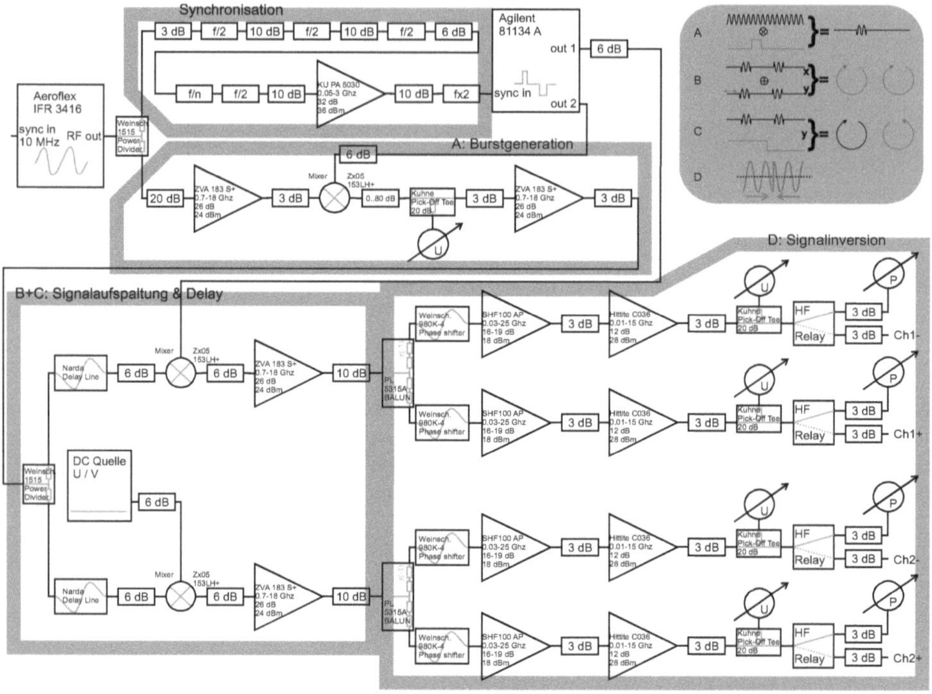

A.1 Detaillierte Beschreibung der 10 GHz Schaltung

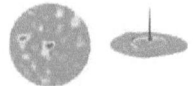

Abb. A.1: Hochfrequenzaufbau zur zeitaufgelösten Röntgenmikroskopie. *Definierte Frequenzen werden mit dem zum Speicherring synchronisierten Signalgenerator erzeugt und weiter in einer Frequenzteilerkette zur Synchronisation des Pulsers aufbereitet. Das geteilte kontinuierliche Signal wird zusätzlich zur Burstgeneration mit Pulsen definierter Länge multipliziert (A). Dieser Burst wird in zwei orthogonale Signale aufgespalten, welche durch eine Verzögerungsleitung um 90° phasenverschoben und in ihrer Amplitude angepasst werden (B, C). Daraufhin wird jeder Kanal nochmals aufgespalten und von gegenüberliegenden Seiten symmetrisch auf die Probe geleitet. Einer der beiden Kanäle wird vorher invertiert, um eine virtuelle Erdung zu erzielen (D).*

Der Endpegel kann außerdem mit Hilfe von verstellbaren Dämpfungsgliedern, sowie den DC-Spannungsquellen an den Frequenzmischern angeglichen werden. Zur Feineinstellung zwischen den einzelnen Kanälen können des Weiteren die SHF^1-Verstärker um bis zu $3\,dB$ gedämpft werden. Die Feinabstimmung der Phase wird mit Phasendrehgliedern an allen 4 Kanälen erzielt.

Zur Betrachtung der Form des Signals wird es durch die Pick-Off Tees mit $-20\,dB$ ausgekoppelt und über abgestimmte Kabel am Oszilloskop in relativer Echtzeit betrachtet. Direkt an den Flanschen zum Mikroskop kann mit Hilfe von Hochfrequenzrelais das Signal zwischen Leistungsmessgeräten und der Probe hin- und hergeschaltet werden. Zur möglichst genauen Bestimmung der an der Probe liegenden Leistung unter Berücksichtigung der Kabelverluste wurden die Kabellängen zwischen Relais und Probe, bzw. Relais und Leitungsmessgerät gleich lang gewählt.

Mit dieser Schaltung werden rotierende Magnetfeldbursts mit Burstlängen ab $200\,ps$ und Amplituden bis $20\,dBm$ ermöglicht. Das Magnetfeld an der Probe ist dabei von der Breite der Leiterbahn abhängig (siehe Gleichung 3.5).

A.2 TDR Messungen

Zur Optimierung der GHz-Platine wurde neben der herkömmlichen Netzwerkanalyse auch Time Domain Reflektometrie eingesetzt. Damit ist es möglich, die Störstellen anhand der Laufzeit des daran reflektierten Signals direkt ortsaufgelöst zu identifizieren. Abbildung A.2 zeigt als Beispiel die Reflexionen von Platine I auf Abbildung 3.5. Demnach werden die größten Störungen durch die Bondstellen, sowie die Leiterbahnen auf der Si_3N_4 Membran erzeugt. Jedoch fallen auch die SMP-Stecker und deren Lötstellen ins Gewicht.

A.3 Maximale Stromdichte

Die maximal an einer Stripline anlegbaren Felder sind durch die maximale Stromdichte durch das Material, sowie durch die thermische Belastung des Materials begrenzt. Mit den folgenden Abschätzungen und Beispielrechnungen soll eine Vorstellung über die (theoretisch) maximal erzielbaren Felder gegeben werden. Es wird von einer Leiterbahn aus Kupfer mit einer Breite von $1\,\mu m$ und einer Dicke von $200\,nm$ ausgegangen. Während die Breite keinen Einfluss auf die Stromdichte, bzw. die eingekoppelte Energiedichte für ein gegebenes Magnetfeld hat, kann mit einer dickeren Leiterbahn die Stromdichte entsprechend halbiert werden. Es muss jedoch beachtet werden, dass die in [CMS+05] gegebene Näherungsformel nur gültig ist, wenn die Dicke im Vergleich zur Breite klein ist.

---

[1]SHF Communication Technologies AG, Wilhelm-von-Siemens-Str. 23 D, 12277 Berlin, Germany

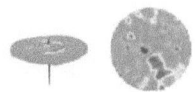

A.3 Maximale Stromdichte

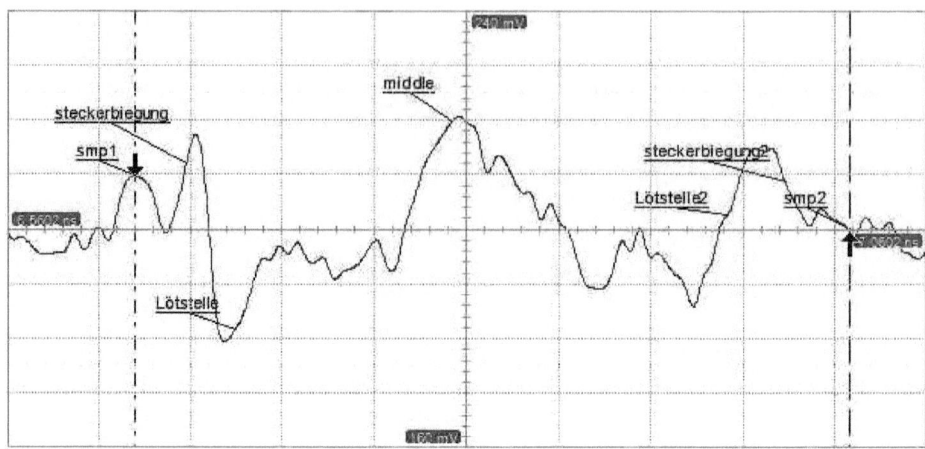

Abb. A.2: Echtes TDR Signal der Platine I. *Hiermit können die Störstellen ortsaufgelöst identifiziert werden. Man sieht deutliche Störstellen an den smp-Steckern, sowie an der Probe in der Mitte.*

Die maximale Temperaturerhöhung Δt (ohne Diffusion und homogene Verteilung im Material) in Abhängigkeit von der Stromdichte j über einen Zeitraum Δt ist durch folgende Formel gegeben:

$$\Delta T = \frac{j^2 \rho_R \Delta t}{\tau \rho_m} \tag{A.1}$$

Dabei ist ρ_R der spezifische Widerstand, τ die spezifische Wärme von Kupfer je Masse und ρ_m die Massendichte. Ein einzelner Puls mit einer Feldstärke von $1\,mT$ erfordert einen Strom von $2.5\,A$ und resultiert damit in einer Stromdichte von $1.26 \times 10^{13}\,A/m^2$. Über einen Zeitraum von $100\,ps$ erwärmt sich das Material somit um $380\,K$. Nach einem einzelnen Puls würde die resultierende Temperatur von ca. $650°C$ noch deutlich unterhalb des Schmelzpunktes von $1083.4°C$ liegen. Wegen der quadratischen Abhängigkeit der Temperatur resultiert für eine Feldstärke von $0.5\,T$ ein maximaler Temperatursprung von $80\,K$.

Im Folgenden wird eine Mindestabschätzung für die maximale Stromdichte im Rahmen der Elektromigration gegeben. Im Rahmen dieser Arbeit wurden bereits an breiteren Leiterbahnen Stromdichten von ca. $1.5 \times 10^{11} A/m^2$ erzielt. Bei der doppelten Stromdichte hat Kupfer noch eine Lebensdauer von ca. $270\,h$ (siehe [ESG+03]). Die Elektromigration J skaliert nach [Wik11] mit dem Exponenten aus der Aktivierungsenergie unter

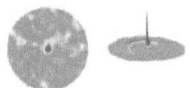

Berücksichtigung der Temperatur:

$$J \sim \frac{j}{k_B T} e^{-\frac{E_A}{k_B T}} \qquad (A.2)$$

E_A liegt bei herkömmlichem Kupfer bei $0.87\,eV$. Durch Beschichtungen kann dieser Wert auf bis zu $1.4\,eV$ erhöht werden (siehe [HGL+03]). Für die oben berechneten $0.5\,mT$ ergibt sich damit unter Berücksichtigung des Temperaturanstiegs eine Erhöhung der maximalen Stromdichte um 3 Größenordnungen, während eigentlich lediglich eine Erhöhung um eine Größenordnung auf $6.3 \times 10^{12}\,A/m^2$ nötig wäre. Aufgrund der exponentiellen Abhängigkeit von der Temperatur erniedrigt sich bei einer Feldstärke von $1\,mT$ die maximale Stromdichte unterhalb des benötigten Wertes.

Für genauere Betrachtungen für eine maximale Stromdichte und damit maximale Felder müssen jedoch genauere Analysen unternommen werden, was den Rahmen dieser Arbeit sprengen würde.

A.4 Modifizierte Normierung

Mit Hilfe der in Abschnitt 3.1.6 beschriebenen Normierung können Fluktuationen der Intensität in den röntgenmikroskopischen Aufnahmen ausgeblendet werden. Jedoch führen unsymmetrische Änderungen der Magnetisierung, bei welchen die mittlere z-Magnetisierung über die abgebildete Fläche nicht konstant bleibt, zu einer Verschiebung des Grundniveaus auf dem entsprechenden Bild[2], was teilweise zur Auslöschung des gesamten Effekts führen kann[3]. Dieser Fehler kann dadurch relativiert oder gar eliminiert werden, indem man diejenigen Kanäle in einer Untergruppe zusammenfasst, welche die gleichen Elektronenpakete im Speicherring als Lichtquelle haben. Folglich lässt sich eine Normierung auf Basis all dieser über den Film gleichverteilten Bilder machen. Somit relativieren sich unsymmetrische Effekte meist vollständig.

Hierzu wählt man ein Paket bei einem bestimmten Kanal, z.B. den Camshaft und zählt nun so lange N Kanäle durch, bis dieses Paket wieder auf den gleichen Kanal fällt ($\#_B$ mal). Man erhält das kleinste gemeinsame Vielfache aus Kanalzahl und Paketzahl: $\#_B = KGV(N, 400)$. Teilt man diese Zahl wiederum durch 400, so erhält man die Anzahl der Umläufe eines Pakets im Speicherring, was der Anzahl der Kanäle $\#_K$ entspricht, zu welchen dieses Paket beiträgt: $\#_K = \#_B/400$. All diese Kanäle haben die gleiche Intensität. Mit der Relation $GGT(a,b) \cdot KGV(a,b) = a \cdot b$ folgt schließlich:

$$\#_K = \frac{\#_B}{400} = \frac{N}{GGT(N,400)} \implies \frac{N}{\#_K} = GGT(n,400) =: GGT \qquad (A.3)$$

---

[2]zum Beispiel das Schalten des Vortexkernes
[3]zum Beispiel bei einer kollektiven Auslenkung der Magnetisierung in eine Richtung

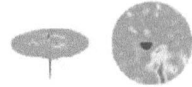

A.5 Ausführlichere Diskussion des Spinwellenspektrums

Folglich hat jedes GGT-te Paket dieselbe Quellintensität und kann zu einer Normierung zusammengefasst werden. Für den Bildindex i erhält man die normierte Intensität I_n:

$$I_n(X,Y,i) = \frac{\#_K \cdot I(X,Y,i)}{\sum_{x}^{x<x_{ges}} \sum_{y}^{y<y_{ges}} \sum_{j}^{j<\#_K} I(x,y,(i \bmod GGT) + j \cdot GGT)} \quad (A.4)$$

Für eine Mittlung über möglichst viele Kanäle sollte $\#_K$ möglichst groß und damit GGT möglichst klein sein.

Auch zur Intensitätskorrektur aus Abschnitt 3.1.4 kann dieses Ergebnis bei zeitaufgelösten Messungen verwendet werden. Durch Kombination der Bilder mit den gleichen Paketen erzielt man GGT unterschiedliche Verfallskonstanten. Mit λ_i ($i = 1..N$) mit $\lambda_i = \lambda_{i+GGT}$ lautet die Korrekturformel:

$$I_I(X,Y,i) = \frac{I(X,Y,i)}{e^{-\lambda_i t(X,Y)}} \quad (A.5)$$

Mit der Realzeit aus Gleichung 3.6 wird λ_i mit $i = 1..GGT$ aus den folgenden Verfallsfunktionen bestimmt:

$$I_{sum}(X,Y,i) = \sum_{j=0}^{j<\#_K} I(X,Y,i+j \cdot GGT) \sim e^{-\lambda_i t(X,Y)} \quad (A.6)$$

A.5 Ausführlichere Diskussion des Spinwellenspektrums

A.5.1 Breitbandige Anregung

Die für diese Arbeit zum Schalten des Vortexkerns ausgenutzten Eigenmoden ($n = 1.., m = \pm 1$) wurden in Abschnitt 4.1.1 mit Hilfe eines Spektrums eindeutig identifiziert. Vor allem unter Berücksichtigung von $A_{z,max}$ weist dieses Spektrum eine Reihe weiterer interessanter Anregungsmoden auf, welche im Folgenden anhand von Abbildung A.3 beschrieben werden.

Das erste Maximum bei $0\,GHz$ entspricht der ruhenden Vortexstruktur. Es folgen in relativ geringem Abstand die gyrotrope Mode bei $225\,MHz$ und deren Harmonische. Im Frequenzintervall zwischen den oben angesprochenen Moden einfacher Drehsymmetrie finden sich weitere Eigenzustände, welche sich meist durch die azimutale Modenzahl $|m| = 2$ auszeichnen ($4.45, 7.075, 9.325, 12.3, 12.55\,GHz$). Vergleicht man diese Eigenfrequenzen mit den dazugehörigen Eigenmoden $|m| = 1$ bei gleicher radialer Modenzal n, so bestätigt sich der Charakter der rückwärtsvolumenartigen Spinwellen, da aufgrund der negativen Dispersionsrelation die Moden mit höherem m (und damit größerem Wellenvektor k) bei kleineren Frequenzen zu finden sind. Herausragend ist dabei der Abstand

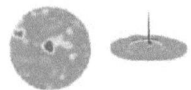

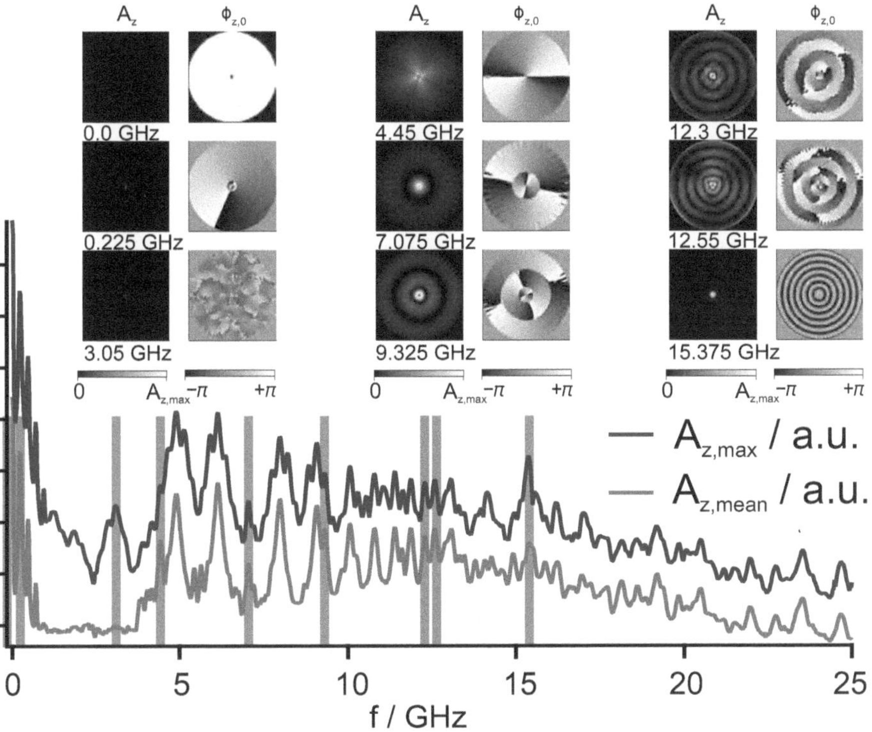

A.5 Ausführlichere Diskussion des Spinwellenspektrums

Abb. A.3: *Lokale Fouriertransformationen (A_z und $\Phi_{z,0}$) der restlichen Anregungsmoden. Bei $f = 0$ ist der Grundzustand gezeigt, während bei $f = 225\,MHz$ die gyrotrope Mode abgebildet ist. Bis auf zwei Ausnahmen sind ansonsten azimutale Moden mit den Indices $(n, |m| = 2)$ gezeigt. Die erste Ausnahme bildet die rotationssymmetrische Mode bei $f = 3.05\,GHz$, welche im Zentrum lokalisiert ist. Eine weitere, ebenfalls rotationssymmetrische Mode mit hohem n äußert sich im Spektrum sehr ausgeprägt bei $f = 15.375\,GHz$.*

A.5 Ausführlichere Diskussion des Spinwellenspektrums

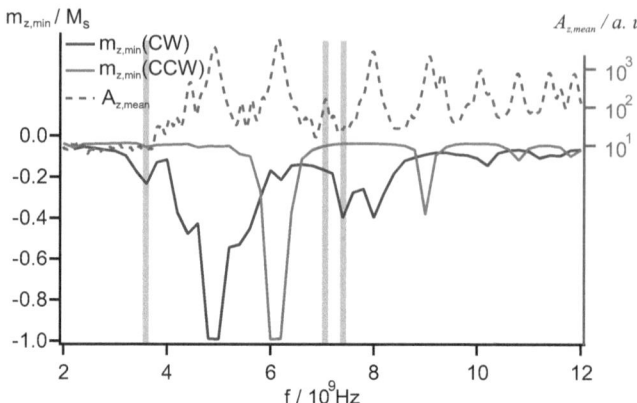

Abb. A.4: Simulierte Amplitude des Dips *bei rechts- und linkszirkularer, kontinuierliche Anregung des Vortex. Aufgetragen ist $m_{z,min}$, (siehe Abbildung 4.5) über 50 ns bei 1 mT Feldstärke in Abhängigkeit von der Frequenz. Der graue Graph entspricht zum Vergleich der Fourieramplitude aus Abbildung 4.4.*

von ca. $2\,GHz$ der Mode $(n = 2, m = +1)$ bei $7.075\,GHz$ von der entsprechenden Mode $(n = 1, m = +1)$ bei $9\,GHz$.

Des Weiteren fallen die beiden Anregungen bei $3.05\,GHz$, sowie bei $15.375\,GHz$ auf, welche sehr stark in der Mitte lokalisiert sind und deshalb nur in der Kurve $A_{z,max}$ erkennbar sind. Bei der niederfrequenten Mode scheint es sich um eine lokale Eigenschwingung des Vortexkernes selbst zu handeln, da sehr stark auf die Mitte konzentriert ist und das Phasenbild keine Symmetrien aufweist. Die höherfrequente Mode kann mit den Indices $(n = 13, m = 0)$ als rein radiale Spinwelle charakterisiert werden. Es ist bemerkenswert, dass sich gerade diese Moden aus dem Spektrum hervorhebt und nicht Moden anderer radialer Modenzahl n. Eine Korrelation mit der angelegten Pulslänge kann ausgeschlossen werden, da der $10\,ps$ Puls einer halben Periodendauer der Frequenz von $50\,GHz$ entspricht. Auch ein Aliaseffekt kann aufgrund dieses Einflusses ausgeschlossen werden.

A.5.2 Kontinuierliche Anregung

Die Betrachtung der nichtlinearen Spinwellenanregung im Fourierraum kann zu einem umfassenden Verständnis der Magnetisierungsdynamik und der Kopplung verschiedener Eigenmoden, sowie dem Fluss der Energie zwischen den Moden beitragen.

Analog zu Kapitel 2.3.3 kann nun an jedem Frequenzpunkt des Anregungsspektrums

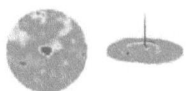

A.5 Ausführlichere Diskussion des Spinwellenspektrums

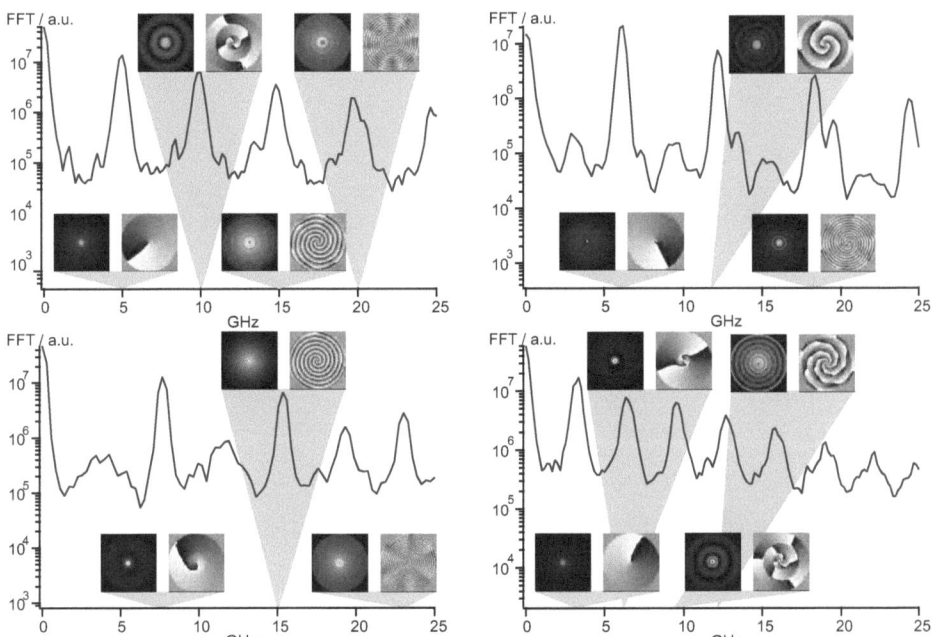

Abb. A.5: Fourierspektren bei kontinuierlicher Anregung *zu den Extrema auf Abbildung 4.6. Links oben ($n = 1, m = -1$) bei $4.8\,GHz$, rechts oben ($n = 1, m = +1$) bei $6.1\,GHz$, links unten ($n = 2, m = -1$) bei $7.7\,GHz$, rechts unten bei ca. $3.5\,GHz$. Die lokalen Fouriertransformationen sind bei der Anregungsfrequenz und deren Harmonischen genommen.*

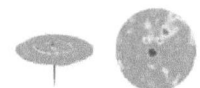

A.5 Ausführlichere Diskussion des Spinwellenspektrums

der kontinuierlichen Anregung aus der simulierten quasistatischen Magnetisierung eine lokale Fouriertransformation extrahiert werden. Das Spektrum, sowie Amplitude und Phase sind für 4 Beispiele auf Abbildung A.5 gezeigt. Alle Phasen $\Phi_{z,0}$ zeigen den gleichen Drehsinn wie das äußere Feld. Das Extremum bei der Grundfrequenz zeigt entweder eine Eigenmode des Systems mit $(n, m = \pm 1)$, oder die Phase spiegelt das Drehmoment des Anregungsfeldes wieder. Durch Moden-Moden Kopplung bilden sich auch deutliche Amplituden bei Vielfachen der Grundfrequenz aus. Hier finden sich Anregungsmuster mit derselben azimutalen Symmetrie wie die Ordnung der Moden[4]. Diese Strukturen werden, wenn existent, durch Eigenmoden des Systems (n, m) repräsentiert. Existiert bei der jeweiligen Frequenz kein Eigenzustand, so bilden sich zwar trotzdem Strukturen gleicher azimutaler Symmetrie aus, diese sind jedoch spiralförmig angeordnet. Dies ist zum Beispiel auf Abbildung A.5 rechts oben bei $12.2\,GHz$) gezeigt. Im Realraum äußert sich dies durch eine radiale Komponente der Wellenpropagation. Am Gradienten des Phasenbildes erkennt man, dass die Wellenpropagation dabei nach außen geht und damit auch die Energie nach außen transportiert wird. Ein Beispiel dafür aus dem Realraum ist auf Abbildung 4.15 gezeigt.

Eine zeitabhängige Betrachtung der Fourierspektren aus Abbildung A.5 zeigt, dass die relativen Amplituden bei den harmonischen Frequenzen zur Grundfrequenz während der Anregung langsam ansteigen. Dies deutet darauf hin, dass deren Energie nicht nur wie bei der Grundmode durch das äußere Feld gespeist wird, sondern durch nichtlineare Kopplung der Moden untereinander. In erster Näherung liegt also die Energiequelle des Systems in der Anregung der Eigenmode bei der Grundfrequenz und koppelt von dieser aus an die harmonischen Anregungsmoden. Da die Wellengruppen azimutaler Spinwellen im Kreis laufen, kann davon ausgegangen werden, dass die Energie der Eigenmoden lokal konserviert bleibt[5]. Im Gegensatz dazu wandern bei den spiralförmigen Strukturen, wo sich also keine Eigenmoden des Systems finden, die Wellengruppen vom Zentrum weg nach außen, was zu einem Energietransport weg vom Zentrum führt.

Mit dieser Interpretation lassen sich zwei Bedingungen als entscheidend für die Konservierung von möglichst viel Energie im Zentrum herausstellen: Frequenz und Drehsinn des äußeren Feldes müssen möglichst mit der einer Eigenmode des Systems der Form $(n > 0, m = \pm 1)$ übereinstimmen. Die harmonischen Frequenzen der Ordnung ν müssen möglichst auf Eigenfrequenzen $f_{n,m}$ der Form:

$$\pm \nu * f_{ext} = f_{n,\pm\nu} \tag{A.7}$$

treffen. Das Vorzeichen steht hier für den Drehsinn des Feldes, bzw. der Mode im mathematischen Sinne.

Mit diesen Bedingungen lässt sich das überraschend erhaltene Extremum von $M_{z,min}$ bei $3.5\,GHz$ erklären, welches sich als erstes Nebenminimum der CW-Kurve auf Abbildung A.4 äußert, wo bei der Pump-Probe-Anregung kein Ausschlag erkennbar ist.

---
[4]Die Grundfrequenz entspricht der Symmetrie $m = 1$, die erste Harmonische $m = 2$, usw. ...
[5]abgesehen von der Gilbertdämpfung α

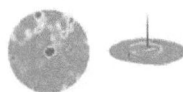

Da hier sowohl die erste $(n = 2, m = 2)$, als auch die zweite $(n = 3, m = 3)$ harmonische Frequenz auf einer Eigenmode liegen, wird die dahin koppelnde Energie im System konserviert.

Schwierig ist allerdings die Erklärung des Minimums der CW-Kurve auf der selben Kurve bei $7.7\,GHz$ auf Abbildung A.4. Hier sind auch die harmonischen Phasenbilder spiralförmig. Es gibt hier zwei Auffälligkeiten, welche einen Einfluss auf die Resonanz bei dieser Frequenz haben könnten: Das Phasenbild der Grundmode weist bereits einen Charakter der Mode $(n = 2, m = -1)$ bei $8\,GHz$ auf. Da der Vortexkern bei dieser Anregung nicht mehr um das Zentrum gyriert, sondern das Gyrationszentrum selbst bereits einen signifikanten Gyrationsradius aufweist, könnte man vermuten, dass sich deshalb das Eigenspektrum der Moden verschoben oder aufgeweitet hat. Eine weitere Auffälligkeit ist, dass die Phasenbilder der harmonischen Frequenzen eine sehr hohe radiale Modenzahl aufweisen. Dies deutet aufgrund der spiralförmigen Strukturen zwar auf einen radialen Energietransport hin, dieser ist jedoch sehr langsam, da eine Wellengruppe pro Periode der Schwingung lediglich um eine Phase weiterkommt.

Schließlich sei noch eine Eigenschwingung mit dem Charakter $m = 2$ bei rund $7\,GHz$ auf Abbildung A.4 bemerkt, welche lediglich im Pump-Probe-Spektrum erscheint, mit kontinuierlichen Feldern jedoch nicht angeregt werden kann.

A.6 Resonante Dynamik

Bei der kontinuierlichen Anregung des Vortexkerns mit rotierenden GHz Feldern in Abschnitt 4.2 bildet sich nach hinreichend langer Zeit ein quasistationärer Zustand aus. Das bedeutet, dass die Magnetisierung in einem mit dem Feld rotierenden Bezugssystem annähernd konstant ist. Dies gilt insbesondere für die Position des negativen und des positiven Pols der Spinwelle, sowie des Vortexkerns und der Dips negativer Magnetisierung. Folglich rotieren diese Elemente gleichförmig mit der äußeren Anregung um das Zentrum der Struktur, wobei sie sich im Phasenwinkel der Rotation unterscheiden. Zur mathematischen Beschreibung dieser Phasenbeziehungen wird für den Vortexkern und für den Dip der Positionsvektor vom Zentrum gewählt. Als Definition für den Phasenwinkel der Spinwelle wird ein in der Ebene liegender Vektor verwendet, welcher parallel zur Symmetrieachse liegt. Die Richtung zeigt dabei von der negativen zur positiven Seite des innersten Ringes der azimutalen Spinwelle (siehe auch Legende in Abbildung A.6).

Bei Moden mit $n > 1$ weisen die Ringe von innen nach außen jeweils einen Sprung um π ihrer Rotationsphase auf. Wie auf Abbildung A.6 verdeutlicht, durchläuft die Phasendifferenz (ϕ_0) zwischen dem Feldvektor des äußeren Feldes und dem Spinwellenvektor einen Winkel von π, wenn man mit der Anregungsfrequenz die Eigenfrequenz der angeregten Mode überschreitet. Dies ist ein klares Indiz für das Auftreten einer Resonanz.

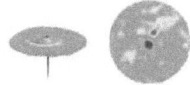

A.6 Resonante Dynamik

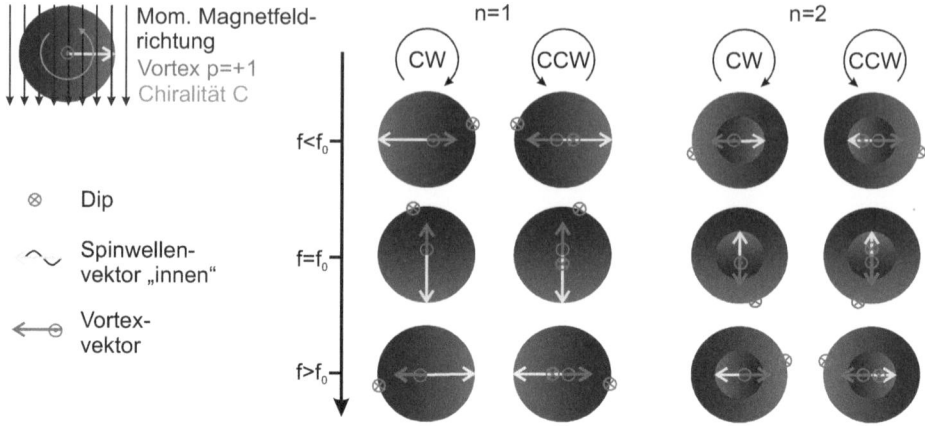

Abb. A.6: Phasenbeziehungen *der Gyrationen zwischen äußerem Feld, Spinwelle, Vortexkern und Dip oberhalb, unterhalb und auf der Resonanzfrequenz für die azimutalen Spinwellen ($n = 1-2, m = \pm 1$).*

Auf der Resonanzfrequenz selbst beträgt der Unterschied gerade

$$\phi_0 = (n - (C+1)/2) \cdot \pi =: \phi_{0,n} + \phi_{0,C} \qquad (A.8)$$

Der Grund liegt in der flächenabhängigen Kopplung zwischen äußerem Feld und Spinwelle. Die Ringe, deren Phase mit der des äußersten Ringes übereinstimmt, weisen in Summe die größte Fläche auf und dominieren deshalb die Phasenbeziehung. Der Beitrag zu ϕ_0 dieses Effekts ist $\phi_{0,n} = (n-1) \cdot \pi$. Das Drehmoment in der Landau-Lifschitz-Gleichung zeigt, dass die initial erzeugten Pole der Spinwellenmode für verschiedene C entgegengesetzt sind (siehe Abbildung 2.22). Der davon herrührende Beitrag ist: $\phi_{0,C} = (1-C)/2 \cdot \pi$.

Die Phasenbeziehung zwischen Spinwelle und der Gyration des Vortexkernes (ϕ_{0V}) ist fest mit dem Spinwellenvektor verknüpft und ist immer antiparallel für einen Vortex mit $p = 1$, bzw. parallel für einen Vortex mit $p = -1$. Anschaulich entspricht dies einer simplen Vergrößerung des Pols der bipolaren Spinwelle, deren Magnetisierung mit der des Vortexkernes übereinstimmt[6]:

$$\phi_{0V} = -\phi_0 \qquad (A.9)$$

---

[6] Es soll hier bemerkt werden, dass der Vortexkern hauptsächlich bei der Anregung von Moden mit ($pm = -1$) auch eine langsame Gyration des Gyrationszentrums im 100 MHz Bereich aufweist, welche der schnellen Bewegung überlagert ist (siehe auch [KSGM07]). Eine Erklärung ist die gyrotrope Bewegung der mittleren Vortexposition nach der Thiele Gleichung 2.81. Da im Folgenden jedoch relativ kurze Feldbursts betrachtet werden, kann diese Bewegung hier vernachlässigt werden.

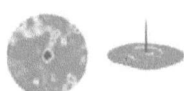

Die Bewegung des Vortexkerns entscheidet wiederum über die Phasenbeziehung der Dips zum äußeren Feld (ϕ_{0D}). Der Dip, welcher seinen Ursprung im negativen Pol der Spinwelle hat, weist einen Richtungsvektor auf, der annähernd parallel zu dem des Vortexkerns ist. Er rotiert dabei auf der dem Zentrum abgewandten Seite bezüglich dem Vortexkern um das Zentrum der Scheibe. Beide Objekte haben also denselben Phasenwinkel. Der Gyrationsradius des Dips nähert sich während der Anregung umso näher an den des Vortexkerns an, je größer die Amplitude des Dips ist.

Im Fall der Mode ($pm = +1$) kann ein zweiter Dip beobachtet werden, welcher seinen Ursprung im gyroskopen Feld hat. Er entsteht immer zur Linken des Vortexkerns was bei dieser Mode auf der dem Zentrum zugewandten Seite bezüglich des Vortexkerns ist. Da sein Abstand zum Vortexkern seinen Gyrationsradius überschreitet, befindet sich der Dip auf der gegenüberliegenden Seite und hat deshalb einen Phasenversatz von π. Mit wachsender Feldamplitude wächst auch der Gyrationsradius des Dips an. Dieser Dip dominiert insofern, dass er meist zum Umschalten des Vortexkerns führt. Seine Phasenbeziehung lautet:

$$\phi_{0D} = \phi_0 + (1 + pm) \cdot \pi \tag{A.10}$$

Abschließend kann noch festgestellt werden, dass der schnelle Gyrationsradius des Vortexkernes bei Anregung aller azimutaler Moden im Vergleich zur Anregung mit der gyrotropen Frequenz sehr klein bleibt. Bei einer Amplitude von $2\,mT$ liegt er zum Beispiel im Bereich von ca. $5\,nm$. Im Vergleich dazu liegt der Gyrationsradius der gyrotropen Mode kurz vor dem Schalten beim 50-fachen, also ca. $250\,nm$.

A.7 Schaltzeiten in Einheiten der Dipausbildungszeit

In Abschnitt 4.4.2 wurde beobachtet, dass sich die entgegengesetzt rotierenden Moden stark in ihrer Schaltfreudigkeit unterscheiden. So ist die Ausbildung des Dips bei einer Mode mit ($pm = -1$) lediglich ein notwendiges, jedoch kein hinreichendes Kriterium für einen darauffolgenden Schaltprozess. Für eine weitere Verdeutlichung wurde die Zeit bis zum Schalten des Vortexkerns durch die Zeit bis zur Saturierung des Dips dividiert. Das Ergebnis ist für den simulierten Phasenraum auf Abbildung A.7 gezeigt. Während die Mode ($pm = +1$) immer sofort schaltet, kommt es bei der Mode ($pm = -1$) fast ausschließlich zu Verzögerungen, welche teilweise mehr als den Faktor 20 ausmachen.

A.8 Ultraschnelles Schalten

Am Ende von Abschnitt 4.5 wurden einige ausgesuchte Phasendiagramme für ultraschnelles Schalten bei Vortexstrukturen mit den Radien (40, 120, 240 nm) gezeigt. Es wurde festgestellt, dass sowohl die Schaltzeiten, als auch die relativen Schaltschwellen zwischen

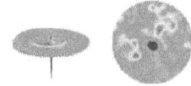

A.8 Ultraschnelles Schalten

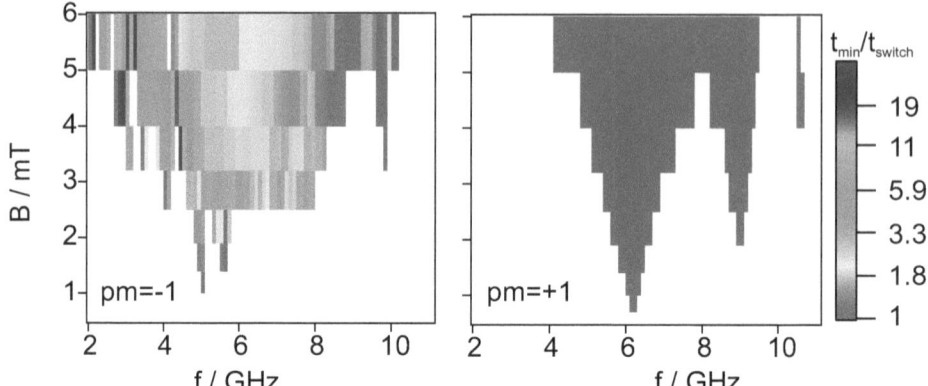

Abb. A.7: Schaltzeit in Einheiten der Dipanwachszeit. *Zur Illustration der Schaltfreudigkeit wurde die Schaltzeit an jedem Punkt durch die Saturierungszeit des Dips dividiert. Rechts (pm = +1) erfolgt sofortiges Schalten, während links (pm = −1) teilweise ein Vielfaches der Zeit vergeht, bis es zum Schalten kommt.*

den entgegengesetzt rotierenden Anregungsmoden stark von der Anregungszeit abhängen. Um die Abhängigkeit von der Burstlänge mehr zu verdeutlichen, sind hier zur Vervollständigung für den Radius 240 nm eine Burstlänge von einer Periode (Abbildung 4.32), den Radius 120 nm die Burstlängen 1 Periode (Abbildung A.9) und 1/2 Periode (Abbildung A.10), sowie für den Radius 40 nm 1 Periode (Abbildung A.11), 1/2 Periode (Abbildung A.12) und 1/8 Periode (Abbildung A.13) gezeigt. Tendenziell gilt, dass die optimalen Burstlängen umso kleiner sind, je kleiner das Element ist. Es zeigt sich jedoch kein linearer Zusammenhang, was sich mit einer kleineren Gruppengeschwindigkeit für kleinere Wellenlängen erklären lässt. Ob die Mode ($pm = -1$) oder die Mode ($pm = +1$) dominiert, lässt sich mit Hilfe dieser Daten nicht eindeutig skalieren. Aufgrund der deutlich schnelleren Schaltzeiten ist eine Dominanz der Mode ($pm = +1$) zu bevorzugen, bei der in diesen Diagrammen Schaltzeiten von unter 100 ps erzielt werden können.

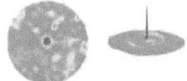

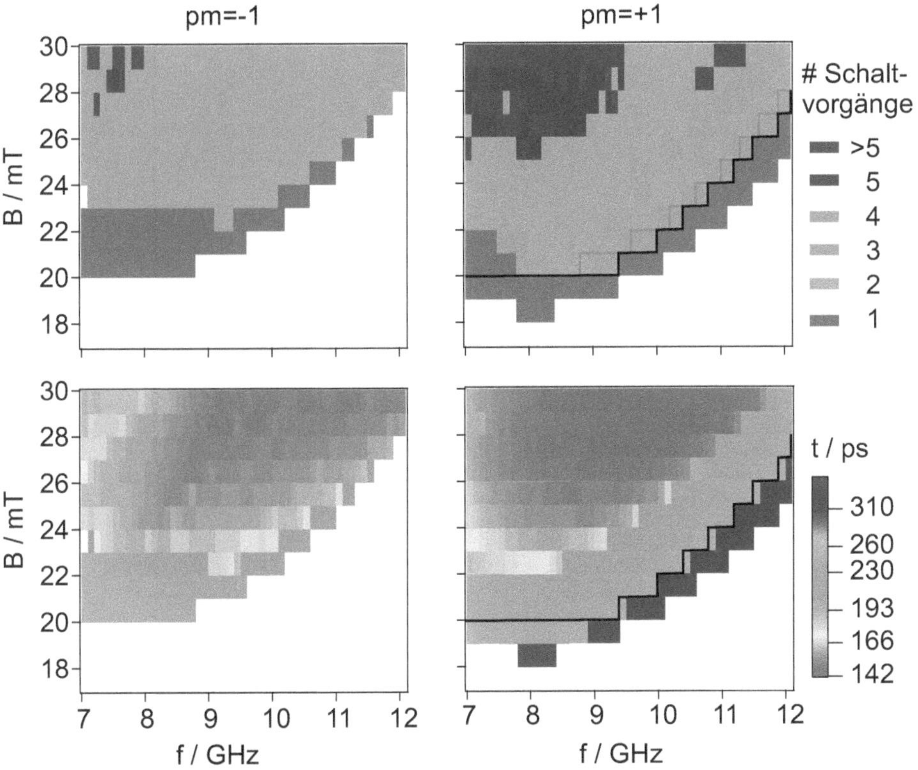

A.8 Ultraschnelles Schalten

Abb. A.8: Schnelles Schalten bei einperiodiger Anregung einer Probe mit einem Radius von 240 nm. *Oben: Anzahl der Schaltvorgänge. Unten: Schaltzeit. Die graue Linie zeigt den Bereich, in der die Mode* pm = −1 *noch nicht schaltet. Die schwarze Linie zeigt den Bereich, in der zusätzlich noch Einfachschalten vorkommt.*

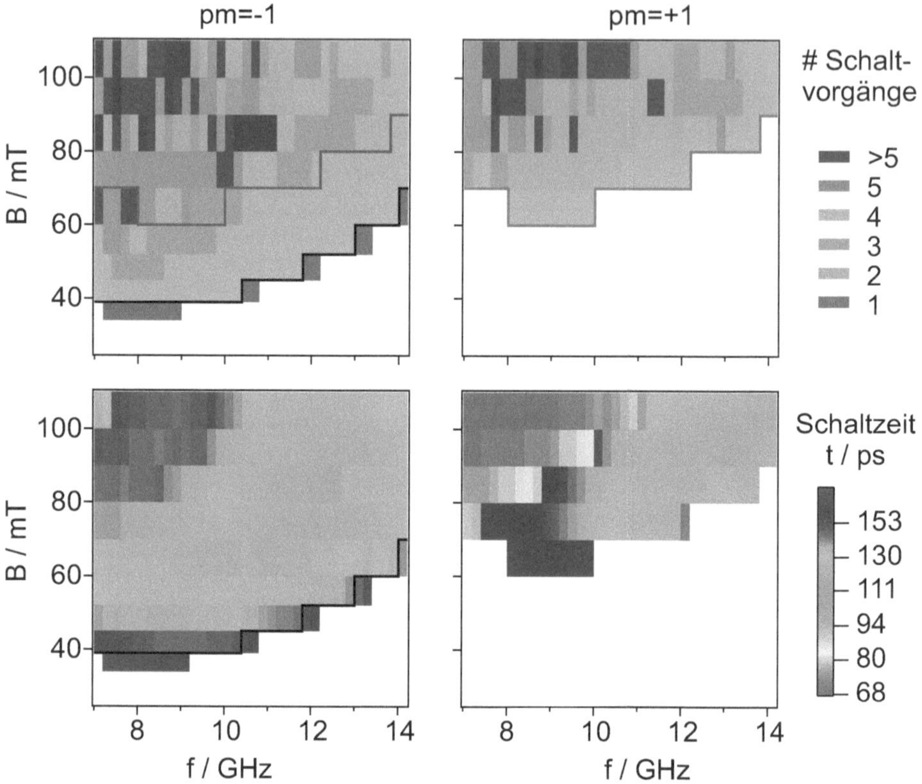

A.8 Ultraschnelles Schalten

Abb. A.9: Schnelles Schalten bei einperiodiger Anregung einer Probe mit einem Radius von 120 nm. *Oben: Anzahl der Schaltvorgänge. Unten: Schaltzeit. Die graue Linie zeigt den Bereich, in der die Mode* $pm = +1$ *noch nicht schaltet. Die schwarze Linie zeigt den Bereich, in der zusätzlich noch Einfachschalten vorkommt. Selektives Schalten kann damit bei unter* 70 ps *erzielt werden.*

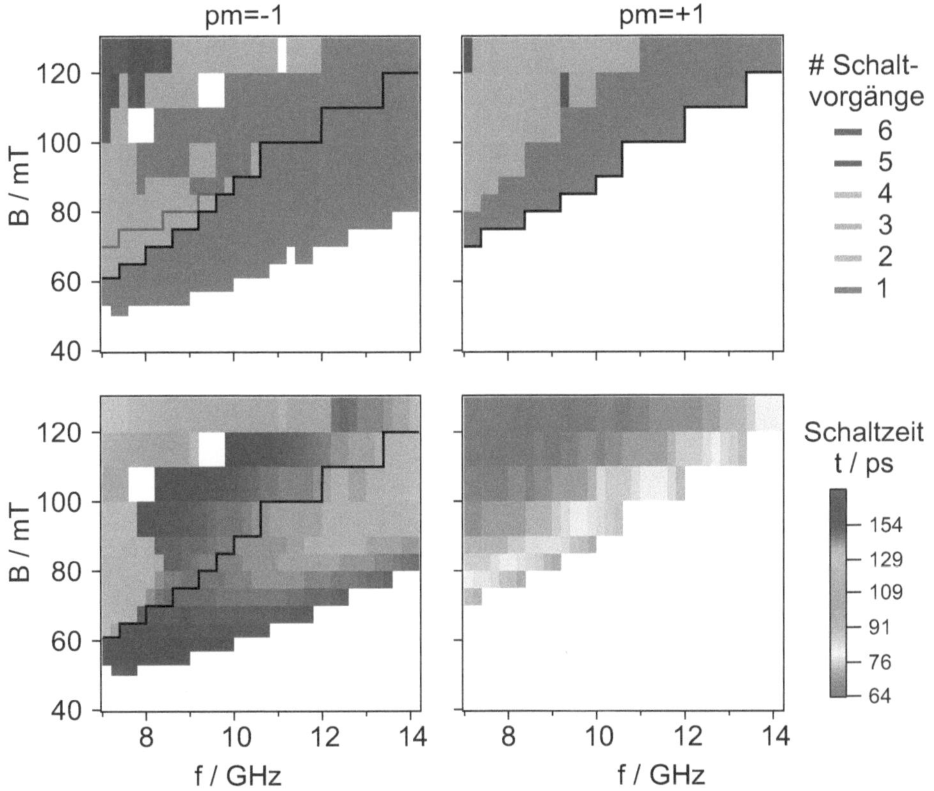

Abb. A.10: Schnelles Schalten bei einhalbperiodiger Anregung einer Probe mit einem Radius von 120 nm. *Oben: Anzahl der Schaltvorgänge. Unten: Schaltzeit. Die graue Linie zeigt den Bereich, in der die Mode pm = +1 noch nicht schaltet. Die schwarze Linie zeigt den Bereich, in der zusätzlich noch Einfachschalten vorkommt. Selektives Schalten kann damit bei unter* 70 ps *erzielt werden.*

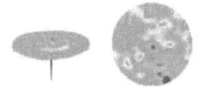

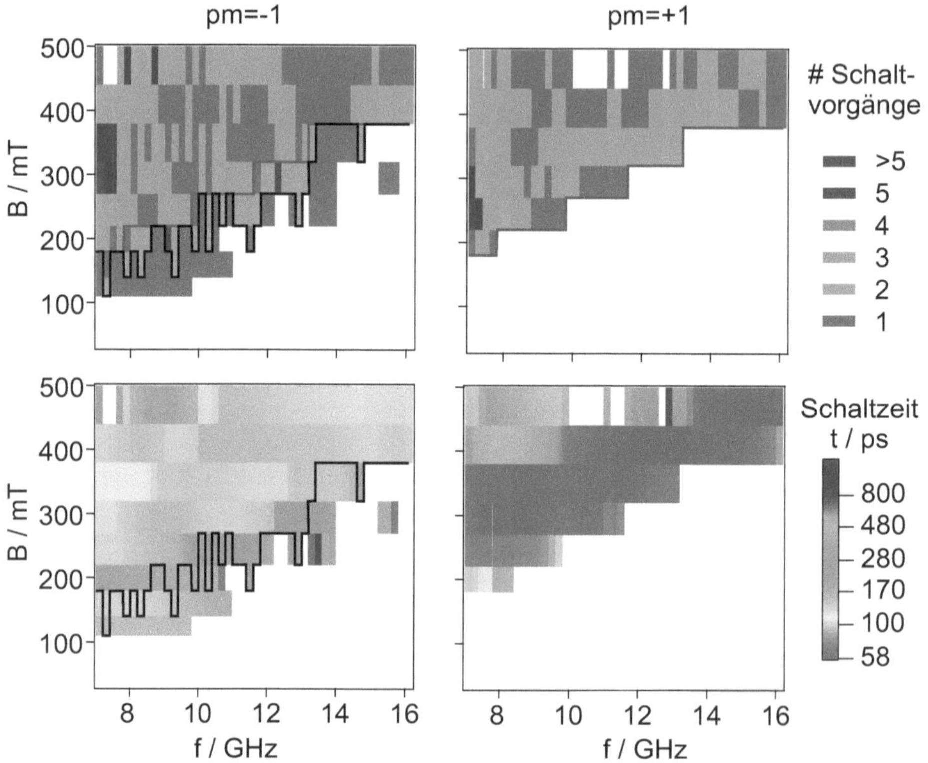

A.8 Ultraschnelles Schalten

Abb. A.11: Schnelles Schalten bei einperiodiger Anregung einer Probe mit einem Radius von $40\,nm$. *Oben: Anzahl der Schaltvorgänge. Unten: Schaltzeit. Die graue Linie zeigt den Bereich, in der die Mode* $pm = +1$ *noch nicht schaltet. Die schwarze Linie zeigt den Bereich, in der zusätzlich noch Einfachschalten vorkommt. Selektives Schalten kann damit bei unter* $70\,ps$ *erzielt werden.*

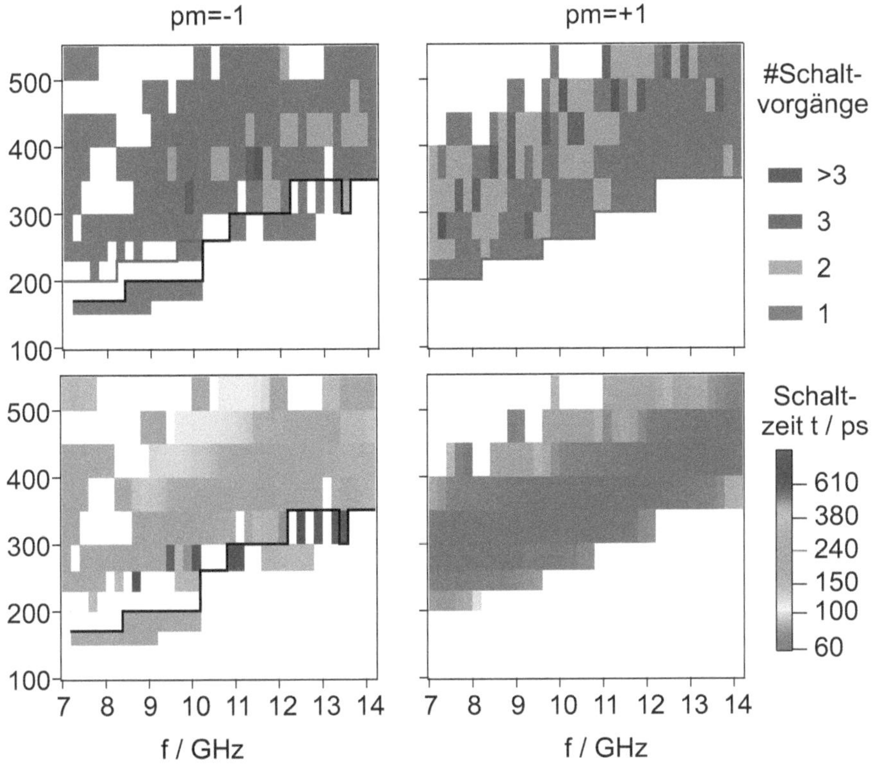

A.8 Ultraschnelles Schalten

Abb. A.12: Schnelles Schalten bei einhalbperiodiger Anregung einer Probe mit einem Radius von 40 nm. *Oben: Anzahl der Schaltvorgänge. Unten: Schaltzeit. Die graue Linie zeigt den Bereich, in der die Mode pm = +1 noch nicht schaltet. Die schwarze Linie zeigt den Bereich, in der zusätzlich noch Einfachschalten vorkommt. Selektives Schalten kann damit bei unter 70 ps erzielt werden.*

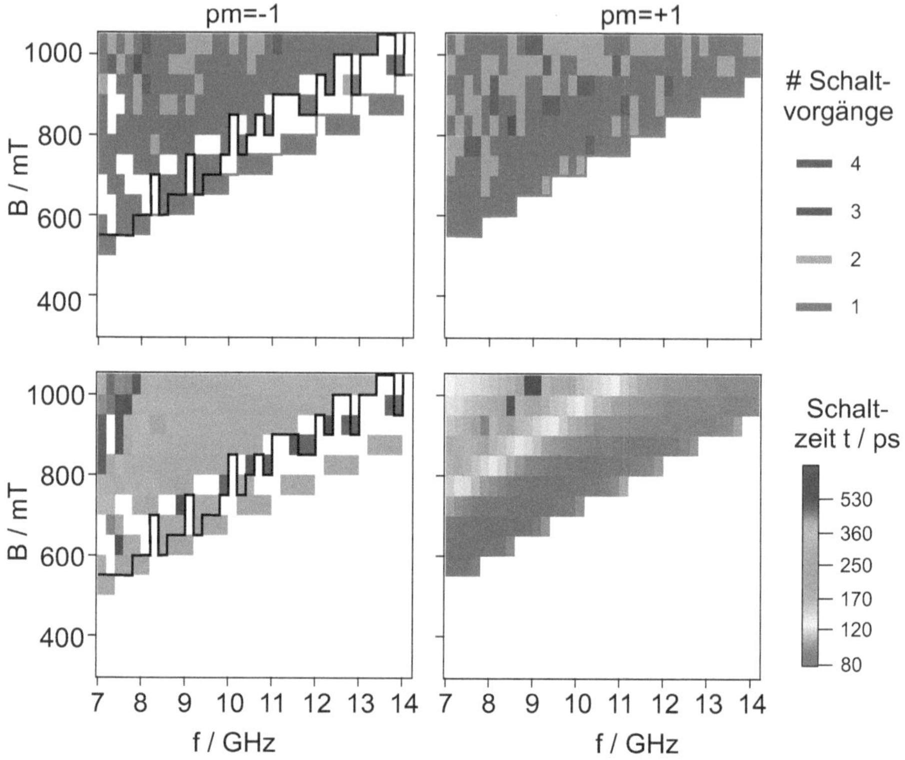

A.8 Ultraschnelles Schalten

Abb. A.13: Schnelles Schalten bei einachtelperiodiger Anregung einer Probe mit einem Radius von 40 nm. *Oben: Anzahl der Schaltvorgänge. Unten: Schaltzeit. Die graue Linie zeigt den Bereich, in der die Mode pm = +1 noch nicht schaltet. Die schwarze Linie zeigt den Bereich, in der zusätzlich noch Einfachschalten vorkommt. Selektives Schalten kann damit bei unter 70 ps erzielt werden.*

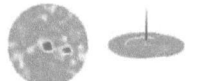

B Literaturverzeichnis

[Aha98]   A. Aharoni, *Demagnetizing factors for rectangular ferromagnetic prisms*, J. App. Phys. **83** (1998), 3432–3434.

[AKK90]   WA. Ivanoy A.M. Kosevich and A.S. Kovalev, *Magnetic solitons*, Physics reports **194** (1990).

[ASA+09] F Aliev, J Sierra, A Awad, G Kakazei, D Han, and S Kim, *Spin waves in circular soft magnetic dots at the crossover between vortex and single domain state*, Physical Review. B, Condensed Matter and Materials Physics **79** (2009), no. 17.

[BHH+04] M Buess, R Hollinger, T Haug, K Perzlmaier, U Krey, and D Pescia, *Fourier transform imaging of spin vortex eigenmodes*, Physical Review Letters **93** (2004), no. 7, 077207.

[BHSB05] M. Buess, T. Haug, M. R. Scheinfein, and C. H. Back, *Micromagnetic dissipation, dispersion, and mode conversion in thin permalloy platelets*, Physical Review Letters **94** (2005), no. 12, 127205.

[BKD+08] S Bohlens, B Kruger, A Drews, M Bolte, G Meier, and D Pfannkuche, *Current controlled random-access memory based on magnetic vortex handedness*, Applied Physics Letters **93** (2008), no. 14, 142508.

[BKH+05] M Buess, T Knowles, R Hollinger, T Haug, U Krey, and D Weiss, *Excitations with negative dispersion in a spin vortex*, Physical Review B, Condensed matter **71** (2005), 104415.

[BPCW99] K Bussmann, G Prinz, S Cheng, and D Wang, *Switching of vertical giant magnetoresistance devices by current through the device*, Applied Physics Letters **75** (1999), no. 16, 2476–2478.

[Bro78]   W. F. Brown, Jr., *Micromagnetics*, Krieger, New York, 1978.

[Bue05]   M. Buess, *Pulsed precessional motion*, Logos Verlag Berlin, 2005.

[CIL+95]   CT Chen, YU Idzerda, HJ Lin, NV Smith, and G Meigs, *Experimental confirmation of the x-ray magnetic circular-dichroism sum-rules for iron and cobald*, Physical Review Letters **75** (1995), no. 1, 152–155.

[CMS+05]   Dmitry Chumakov, Jeffrey McCord, Rudolf Schäfer, Ludwig Schultz, Hartmut Vinzelberg, Rainer Kaltofen, and Ingolf Mönch, *Nanosecond time-scale switching of permalloy thin film elements studied by wide-field time-resolved kerr microscopy*, Physical Review B **71** (2005), no. 1, 014410.

[CPS+07]   K Chou, A Puzic, H Stoll, D Dolgos, G Schutz, and B Van Waeyenberge, *Direct observation of the vortex core magnetization and its dynamics*, Applied Physics Letters **90** (2007), no. 20.

[CSMM90]   C. T. Chen, F. Sette, Y. Ma, and S. Modesti, *Soft-x-ray magnetic circular dichroism at the $l2,3$ edges of nickel*, Physical Review B **42** (1990), no. 11, 7262–7265.

[CSW+11]   M Curcic, H Stoll, M Weigand, V Sackmann, P Juellig, M Kammerer, M Noske, M Sproll, B Van Waeyenberge, A Vansteenkiste, G Woltersdorf, T Tyliszczak, and G Schütz, *Magnetic vortex core reversal by rotating magnetic fields generated on micrometer length scales*, Physica Status Solidi. B, Basic Research **248** (2011), no. 10, 2317–2322.

[Cur10]   Michael Curcic, *Selektives Schalten der Vortexkern-Polarisation in ferromagnetischen Nanostrukturen mittels rotierender Magnetfelder*, Ph.D. thesis, Universität Stuttgart, Juli 2010.

[CVV+08]   M Curcic, B Van Waeyenberge, A Vansteenkiste, M Weigand, V Sackmann, and H Stoll, *Polarization selective magnetic vortex dynamics and core reversal in rotating magnetic fields*, Physical Review Letters **101** (2008), no. 19, 197204.

[DE61]   R Damon and J Eshbach, *Magnetostatic modes of a ferromagnetic slab*, Journal of physics and chemistry of solids **19** (1961), no. 3-4, 308–320.

[Dir27]   P. A. M. Dirac, *The quantum theory of the emission and absorption of radiation*, Proc. Roy. Soc. (London) **114** (1927), no. 767, 243–265.

[dLRP+09]   G de Loubens, A Riegler, B Pigeau, F Lochner, and F Boust, *Bistability of vortex core dynamics in a single perpendicularly magnetized nanodisk*, Physical Review Letters **102** (2009), no. 17.

[DP80]   J. R. Dormand and P. J. Prince, *A family of embedded Runge-Kutta formulae*, J. Comp. Appl. Math. **6** (1980), 19–26.

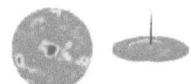

[DP86]   ———, *A reconsideration of some embedded Runge-Kutta formulae*, J. Comp. Appl. Math. **15** (1986), 203–211.

[DP99]   M.J. Donahue and D.G. Porter, *Oommf user's guide, version 1.0*, Interagency Report NISTIR 6376, National Institute of Standards and Technology, Gaithersburg, MD (1999).

[DRP+09]   G De Loubens, A Riegler, B Pigeau, F Lochner, F Boust, and K Guslienko, *Bistability of vortex core dynamics in a single perpendicularly magnetized nanodisk*, Physical Review Letters **102** (2009), no. 17, 177602.

[ERM+01]   U Englisch, H Rossner, H Maletta, J Bahrdt, S Sasaki, F Senf, K.J.S Sawhney, and W Gudat, *The elliptical undulator ue46 and its monochromator beam-line for structural research on nanomagnets at bessy-ii*, Nuclear Instruments and Methods in Physics Research Section A: Accelerators, Spectrometers, Detectors and Associated Equipment **467-468** (2001), no. Part 1, 541 – 544, 7th Int.Conf. on Synchrotron Radiation Instrumentation.

[ESG+03]   V Emelianov, H Stoll, G Ganesan, M Eizenberg, A Puzic, S Schulz, and HU Habermeier, *Investigation of electromigration in copper interconnects by noise measurements*, Proceedings of SPIE: Noise as a Tool for Studying Materials (2003).

[Fis99]   P Fischer, *Untersuchung zum Magnetismus im Nanometerbereich mit zirkularem magnetischen Röntgendichroismus*, Habilitation, Bayrische Julius-Maximilians-Universität Würzburg, 1999.

[FS97]   R Follath and F Senf, *New plane-grating monochromators for third generation synchrotron radiation light sources*, Nuclear instruments & methods in physics research. Section A, Accelerators, spectrometers, detectors and associated equipment **390** (1997), no. 3, 388–394.

[FSWF10]   R Follath, J S Schmidt, M Weigand, and K Fauth, AIP Conference Proceedings, vol. 1234, American Institute of Physics, New York, 2010.

[FT65]   E Feldtkeller and H Thomas, *Struktur und Energie von Blochlinien in dünnen ferromagnetischen Schichten*, Physik der Kondensierten Materie **4** (1965), no. 1, 8.

[GAG10]   K Guslienko, G Aranda, and J Gonzalez, *Topological gauge field in nanomagnets: Spin-wave excitations over a slowly moving magnetization background*, Physical Review B, Condensed Matter and Materials Physics **81** (2010), no. 1, 014414.

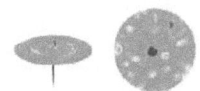

[GEH07]   Schuetz G, Goering E, and Stoll H, Handbook of Magnetism and Advanced Magnetic Materials. Edited by H. Kronmüller and S. Parkin, vol. 3, Synchrotron Radiation Techniques Based on X-ray Magnetic Circular Dichroism, John Wiley and Sons, Ltd., 2007.

[GHK+06] K Guslienko, X Han, D Keavney, R Divan, and S Bader, *Magnetic vortex core dynamics in cylindrical ferromagnetic dots*, Physical Review Letters **96** (2006), no. 6.

[Gil04]   TL Gilbert, *A phenomenological theory of damping in ferromagnetic materials*, IEEE transactions on magnetics **40** (2004), no. 6, 3443–3449.

[GIN+02] K Guslienko, B Ivanov, V Novosad, Y Otani, H Shima, and K Fukamichi, *Eigenfrequencies of vortex state excitations in magnetic submicron-size disks*, Journal of Applied Physics **91** (2002), no. 10, 8037–8039.

[GKMB99] Y Gaididei, T Kamppeter, FG Mertens, and A Bishop, *Noise-induced switching between vortex states with different polarization in classical two-dimensional easy-plane magnets*, Physical Review. B, Condensed Matter and Materials Physics **59** (1999), no. 10, 7010–7019.

[GKMB00] Y Gaididei, T Kamppeter, FG Mertens, and AR Bishop, *Switching between different vortex states in two-dimensional easy-plane magnets due to an ac magnetic field*, Physical Review. B, Condensed Matter and Materials Physics **61** (2000), no. 14, 9449–9452.

[GLK08]   K Guslienko, K Lee, and S Kim, *Dynamic origin of vortex core switching in soft magnetic nanodots*, Physical Review Letters **100** (2008), no. 2, 027203.

[GM01]   K Guslienko and K Metlov, *Evolution and stability of a magnetic vortex in a small cylindrical ferromagnetic particle under applied field*, Physical Review. B, Condensed Matter and Materials Physics **63** (2001), no. 10.

[GMBW90] M Gouvea, F Mertens, A Bishop, and G Wysin, *The classical 2-dimensional xy model with inplane magnetic-field*, Journal of physics. Condensed matter **2** (1990), no. 7, 1853–1868.

[GNO+01] K Y Guslienko, V Novosad, Y Otani, H Shima, and K Fukamichi, *Field evolution of magnetic vortex state in ferromagnetic disks*, Applied Physics Letters **78** (2001), no. 24, 3848.

[GNO+02] K Guslienko, V Novosad, Y Otani, H Shima, and K Fukamichi, *Magnetization reversal due to vortex nucleation, displacement, and annihilation in*

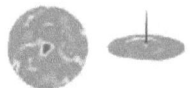

170

submicron ferromagnetic dot arrays, Physical Review. B, Condensed Matter and Materials Physics **65** (2002), no. 2.

[GSCN05] K Guslienko, W Scholz, R Chantrell, and V Novosad, *Vortex-state oscillations in soft magnetic cylindrical dots*, Physical Review B, Condensed Matter and Materials Physics **71** (2005), no. 14, 144407.

[GSTK08] Konstantin Y. Guslienko, Andrei N. Slavin, Vasyl Tiberkevich, and Sang-Koog Kim, *Dynamic origin of azimuthal modes splitting in vortex-state magnetic dots*, Physical Review Letters **101** (2008), no. 24, 247203.

[Gus06] K Guslienko, *Low-frequency vortex dynamic susceptibility and relaxation in mesoscopic ferromagnetic dots*, Applied Physics Letters **89** (2006), no. 2.

[Gus08] _____, *Magnetic vortex state stability, reversal and dynamics in restricted geometries*, Journal of nanoscience and nanotechnology **8** (2008), no. 6, 2745–2760.

[GWBM89] M Gouvea, G Wysin, A Bishop, and F Mertens, *Vortices in the classical two-dimensional anisotropic heisenberg-model*, Physical Review. B, Condensed Matter and Materials Physics **39** (1989), no. 16, 11840–11849.

[GWP97] M Gouvea, G Wysin, and A Pires, *Numerical study of vortices in a two-dimensional xy model with in-plane magnetic field*, Physical Review. B, Condensed Matter and Materials Physics **55** (1997), no. 21, 14144–14147.

[Hen11] *http://henke.lbl.gov/optical_constants/filter2.html*, Henke Database, July 2011, [online].

[HGFS07] R Hertel, S Gliga, M Fahnle, and C Schneider, *Ultrafast nanomagnetic toggle switching of vortex cores*, Physical Review Letters **98** (2007), no. 11, 117201.

[HGL+03] C K Hu, L Gignac, E Liniger, B Herbst, D L Rath, S T Chen, S Kaldor, A Simon, and W T Tseng, *Comparison of cu electromigration lifetime in cu interconnects coated with various caps*, Applied Physics Letters **83** (2003), no. 5, 869–871.

[HS98] A. Hubert and R. Schäfer, *Magnetic domains: the analysis of magnetic microstructures*, Springer, 1998.

[HT80] S Hikami and T Tsuneto, *Phase-transition of quasi-2 dimensional planar system*, Progress of theoretical physics **63** (1980), no. 2, 387–401.

[Hub69] A Hubert, *Stray-field-free magnetizaion configurations*, Physica Status Solidi **32** (1969), no. 2, 519.

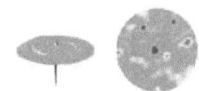

[Hub82] D Huber, *Equation of motion of a spin vortex in a two-dimensional planar magnet*, Journal of Applied Physics **53** (1982), no. 3, 1899–1900.

[HWP+07] F Hoffmann, G Woltersdorf, K Perzlmaier, A Slavin, V Tiberkevich, and A Bischof, *Mode degeneracy due to vortex core removal in magnetic disks*, Physical Review B, Condensed Matter and Materials Physics **76** (2007), no. 1, 014416.

[ISMW98] B Ivanov, H Schnitzer, F Mertens, and G Wysin, *Magnon modes and magnon-vortex scattering in two-dimensional easy-plane ferromagnets*, Physical Review. B, Condensed matter **58** (1998), no. 13, 8464–8474.

[IW02] B Ivanov and G Wysin, *Magnon modes for a circular two-dimensional easy-plane ferromagnet in the cone state*, Physical Review. B, Condensed Matter and Materials Physics **65** (2002), no. 13.

[IZ02] B Ivanov and C Zaspel, *Magnon modes for thin circular vortex-state magnetic dots*, Applied Physics Letters **81** (2002), no. 7, 1261–1263.

[IZ04] _____, *Gyrotropic mode frequency of vortex-state permalloy disks*, Journal of Applied Physics **95** (2004), no. 11, 7444–7446.

[IZ05] _____, *High frequency modes in vortex-state nanomagnets*, Physical Review Letters **94** (2005), no. 2.

[Jac06] Jackson, *Klassische Elektrodynamik*, de Gruyter, 2006.

[Jae92] E Jaeschke, *BESSY-II, A State-of-the-Art Synchrotron Light-Source for Berlin-Adlershof*, EPAC 1992 - Third European Particle Accelerator Conference, VOL 1, Editions Frontiers, Dreux, 1992, pp. 43–46.

[Kal80] B A Kalinikos, *Excitation of propagating spin waves in ferromagnetic films*, IEE proceedings **127** (1980), no. 1, 4–10.

[KGS09] V Kravchuk, Y Gaididei, and D Sheka, *Nucleation of a vortex-antivortex pair in the presence of an immobile magnetic vortex*, Physical Review B, Condensed Matter and Materials Physics **80** (2009), no. 10, 100405.

[KJH95] J Kirz, C Jacobsen, and M Howells, *Soft x-ray microscopes and their biological applications*, Quarterly reviews of biophysics **28** (1995), no. 1, 33–130.

[KLYC08] S Kim, K Lee, Y Yu, and Y Choi, *Reliable low-power control of ultrafast vortex-core switching with the selectivity in an array of vortex states by in-plane circular-rotational magnetic fields and spin-polarized currents*, Applied Physics Letters **92** (2008), no. 2, 022509.

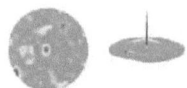

[KMC+10] Thomas Kamionka, Michael Martens, Kang Chou, Michael Curcic, and Andre Drews, *Magnetic antivortex-core reversal by circular-rotational spin currents*, Physical Review Letters **105** (2010), no. 13.

[KP02] AS Kovalev and JE Prilepsky, *Mechanism of vortex switching in magnetic nanodots under a circular magnetic field. i. resonance action of the field on the nanodot eigenmodes*, Low Temperature Physics **28** (2002), no. 12, 921–929.

[KR85] J Kirz and H Rarback, *Soft x-ray microscopes*, Review of scientific instruments **56** (1985), no. 1, 1–13.

[KSGM07] V Kravchuk, D Sheka, Y Gaididei, and F Mertens, *Controlled vortex core switching in a magnetic nanodisk by a rotating field*, Journal of Applied Physics **102** (2007), no. 4, 043908.

[KWC+11] Matthias Kammerer, Markus Weigand, Michael Curcic, Matthias Noske, Markus Sproll, Hermann Stoll, Arne Vansteenkiste, Bartel VanWaeyenberge, Georg Woltersdorf, Christian H. Back, and Gisela Schütz, *Magnetic vortex core reversal by excitation of spin waves*, Nature Communications **2** (2011).

[LGLK07] K Lee, K Guslienko, J Lee, and S Kim, *Ultrafast vortex-core reversal dynamics in ferromagnetic nanodots*, Physical Review B, Condensed Matter and Materials Physics **76** (2007), no. 17, 174410.

[LK08] K Lee and S Kim, *Two circular-rotational eigenmodes and their giant resonance asymmetry in vortex gyrotropic motions in soft magnetic nanodots*, Physical Review B, Condensed Matter and Materials Physics **78** (2008), no. 1, 014405.

[LKP11] A Lyberatos, S Komineas, and N Papanicolaou, *Precessing vortices and antivortices in ferromagnetic elements*, Journal of Applied Physics **109** (2011), no. 2.

[LKY+08] K Lee, S Kim, Y Yu, Y Choi, K Guslienko, and H Jung, *Universal criterion and phase diagram for switching a magnetic vortex core in soft magnetic nanodots*, Physical Review Letters **101** (2008), no. 26.

[LL35] L. Landau and E. Lifshitz, *On the theory of the dispersion of magnetic permeabilty in ferromagnetic bodies*, Phys. Zeit. Sowjetunion **8** (1935), no. 153.

[LYCK11] K Lee, M Yoo, Y Choi, and S Kim, *Edge-soliton-mediated vortex-core reversal dynamics*, Physical Review Letters **106** (2011), no. 14.

[Mer79] N Mermin, *Topological theory of defects in ordered media*, Reviews of modern physics **51** (1979), no. 3, 591–648.

[MG02] K Metlov and K Guslienko, *Stability of magnetic vortex in soft magnetic nano-sized circular cylinder*, Journal of magnetism and magnetic materials **242** (2002), 1015–1017.

[MT02] J Miltat and A Thiaville, *Vortex cores - smaller than small*, Science **298** (2002), no. 5593, 555–555.

[NCS+10] Kunihiro Nakano, Daichi Chiba, Koji Sekiguchi, Shinya Kasai, and Norikazu Ohshima, *Electrical detection of vortex core polarity in ferromagnetic disk*, Applied physics express **3** (2010), no. 5.

[NFR+05] V Novosad, F Fradin, P Roy, K Buchanan, K Guslienko, and S Bader, *Magnetic vortex resonance in patterned ferromagnetic dots*, Physical Review. B, Condensed Matter and Materials Physics **72** (2005), no. 2.

[NGG+02] V Novosad, M Grimsditch, K Guslienko, P Vavassori, Y Otani, and S Bader, *Spin excitations of magnetic vortices in ferromagnetic nanodots*, Physical Review. B, Condensed Matter and Materials Physics **66** (2002), no. 5.

[NWD93] A. J. Newell, W. Williams, and D. J. Dunlop, *A generalization of the demagnetizing tensor for nonuniform magnetization*, J. Geophysical Research - Solid Earth **98** (1993), 9551–9555.

[PC05] J Park and P Crowell, *Interactions of spin waves with a magnetic vortex*, Physical Review Letters **95** (2005), no. 16, 167201.

[PCT85] J Parekh, K Chang, and H Tuan, *Propagation characteristics of magnetostatic waves*, Circuits, systems, and signal processing **4** (1985), no. 1-2, 9–39.

[PDK+10] B Pigeau, G De Loubens, O Klein, A Riegler, F Lochner, and G Schmidt, *A frequency-controlled magnetic vortex memory*, Applied Physics Letters **96** (2010), no. 13, 132506.

[PEE+03] J Park, P Eames, D Engebretson, J Berezovsky, and P Crowell, *Imaging of spin dynamics in closure domain and vortex structures*, Physical Review B, Condensed Matter and Materials Physics **67** (2003), no. 2, 020403.

[Pig11] Pigeau, *Optimal control of vortex-core polarity by resonant microwave pulses*, Nature Physics **7** (2011), no. 1, 26.

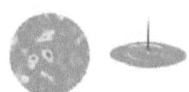

[R65]　　　Damon R, *Propagation of magnetostatic spin waves at microwave frequencies in a normally-magnetized disk*, Journal of applied physics **36** (1965), no. 11, 3453.

[RPS+00]　J Raabe, R Pulwey, R Sattler, T Schweinbock, J Zweck, and D Weiss, *Magnetization pattern of ferromagnetic nanodisks*, Journal of Applied Physics **88** (2000), no. 7, 4437–4439.

[SHZ01]　　M Schneider, H Hoffmann, and J Zweck, *Magnetic switching of single vortex permalloy elements*, Applied Physics Letters **79** (2001), no. 19, 3113–3115.

[SOH+00]　T Shinjo, T Okuno, R Hassdorf, K Shigeto, and T Ono, *Magnetic vortex core observation in circular dots of permalloy*, Science **289** (2000), no. 5481, 930–932.

[SP09]　　　D D Stancil and A Prabhakar, *Spin waves theory and applications*, Springer, New York, 2009.

[SPvW+04] H Stoll, A Puzic, B van Waeyenberge, P Fischer, and J Raabe, *High-resolution imaging of fast magnetization dynamics in magnetic nanostructures*, Applied Physics Letters **84** (2004), no. 17, 3328–3330.

[SS06]　　　Joachim Stöhr and Hans Christoph Siegmann, *Magnetism: From fundamentals to nanoscale dynamics; electronic version*, Springer Series in Solid-state Sciences S., Springer, Dordrecht, 2006.

[Sto39]　　Edmund C. Stoner, *Collective electron ferromagnetism. ii. energy and specific heat*, Proceedings of the Royal Society of London. Series A, Mathematical and Physical Sciences **169** (1939), no. 938, pp. 339–371 (English).

[Sto95]　　J Stohr, *X-ray magnetic circular dichroism spectroscopy of transition metal thin films*, Journal of electron spectroscopy and related phenomena **75** (1995), 253–272.

[SWW+87] G Schutz, W Wagner, W Wilhelm, P Kienle, R Zeller, and R Frahm, *Absorption of circularly polarized x-rays in iron*, Physical Review Letters **58** (1987), no. 7, 737–740.

[SYI+04]　D Sheka, I Yastremsky, B Ivanov, G Wysin, and F Mertens, *Amplitudes for magnon scattering by vortices in two-dimensional weakly easy-plane ferromagnets*, Physical Review. B, Condensed Matter and Materials Physics **69** (2004), no. 5.

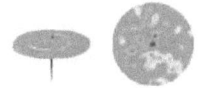

B Literaturverzeichnis

[TGD+03] A Thiaville, JM Garcia, R Dittrich, J Miltat, and T Schrefl, *Micromagnetic study of bloch-point-mediated vortex core reversal*, Physical Review. B, Condensed matter and materials physics **67** (2003), no. 9.

[Thi73] A. A. Thiele, *Steady-state motion of magnetic domains*, Physical Review Letters **30** (1973), no. 6, 230–233.

[TL55] Gilbert TL, *Lagrangian formulation of the gyromagnetic equation of the magnetization field*, Physical Review **100** (1955), no. 4, 1243–1243.

[TL56] _____, *Armor research foundation project no. a059*, Supplementary Report (1956).

[TM94] A Thiaville and J Miltat, *Controlled injection of a singular point along a linear magnetic-structure*, Europhysics letters **26** (1994), no. 1, 57–62.

[UP94] N Usov and S Peschany, *Flower state micromagnetic structure in fine cylindrical particles*, Journal of magnetism and magnetic materials **130** (1994), no. 1-3, 275–287.

[VCW+09] A Vansteenkiste, K Chou, M Weigand, M Curcic, V Sackmann, and H Stoll, *X-ray imaging of the dynamic magnetic vortex core deformation*, Nature Physics **5** (2009), no. 5, 332–334.

[VKC+88] Y Vladimirsky, D Kern, THP Chang, D Attwood, and H Ade, *High-resolution fresnel zone plates for soft x-rays*, Journal of vacuum science and technology. B, Microelectronics and nanometer structures processing, measurement and phenomena **6** (1988), no. 1, 311–315.

[VPS+06] B Van Waeyenberge, A Puzic, H Stoll, K Chou, T Tyliszczak, and R Hertel, *Magnetic vortex core reversal by excitation with short bursts of an alternating field*, Nature **444** (2006), no. 7118, 461–464.

[VSS+11] K. Vogt, O. Sukhostavets, H. Schultheiss, B. Obry, P. Pirro, A. A. Serga, T. Sebastian, J. Gonzalez, K. Y. Guslienko, and B. Hillebrands, *Optical detection of vortex spin-wave eigenmodes in microstructured ferromagnetic disks*, Physical Review B **84** (2011), 174401.

[Wei12] M Weigand, *Dynamic behavior of magnetic vortex cores under pulsed excitation observed by scanning x-ray microscopy*, Ph.D. thesis, Max-Planck-Institut für intelligente Systeme, 2012.

[Wik11] http://de.wikipedia.org/wiki/Elektromigration, Elektromigration, Nov 2011, [online].

[Woh49]   E. P. Wohlfarth, *Collective electron ferromagnetism. iii. nickel and nickel-copper alloys*, Proceedings of the Royal Society of London. Series A, Mathematical and Physical Sciences **195** (1949), no. 1043, pp. 434–463 (English).

[WV96]   G Wysin and A Volkel, *Comparison of vortex normal modes in easy-plane ferromagnets and antiferromagnets*, Physical Review. B, Condensed Matter and Materials Physics **54** (1996), no. 18, 12921–12931.

[WVV+09] M Weigand, B Van Waeyenberge, A Vansteenkiste, M Curcic, V Sackmann, and H Stoll, *Vortex core switching by coherent excitation with single in-plane magnetic field pulses*, Physical Review Letters **102** (2009), no. 7, 077201.

[WWB+02] A Wachowiak, J Wiebe, M Bode, O Pietzsch, M Morgenstern, and R Wiesendanger, *Direct observation of internal spin structure of magnetic vortex cores*, Science **298** (2002), no. 5593, 577–580.

[XRC+06] Q Xiao, J Rudge, B Choi, Y Hong, and G Donohoe, *Dynamics of vortex core switching in ferromagnetic nanodisks*, Applied Physics Letters **89** (2006), no. 26, 262507.

[YJL+11] Y Yu, H Jung, K Lee, P Fischer, and S Kim, *Memory-bit selection and recording by rotating fields in vortex-core cross-point architecture*, Applied Physics Letters **98** (2011), no. 5.

[YKN+07] K Yamada, S Kasai, Y Nakatani, K Kobayashi, H Kohno, and A Thiaville, *Electrical switching of the vortex core in a magnetic disk*, Nature Materials **6** (2007), no. 4, 269–273.

[YKN+08] K Yamada, S Kasai, Y Nakatani, K Kobayashi, and T Ono, *Switching magnetic vortex core by a single nanosecond current pulse*, Applied Physics Letters **93** (2008), no. 15, 152502.

[YLHK11] Myoung-Woo Yoo, Ki-Suk Lee, Dong-Soo Han, and Sang-Koog Kim, *Perpendicular-bias-field-dependent vortex-gyration eigenfrequency*, Journal of Applied Physics **109** (2011), no. 6.

[YLJ+11] Y Yu, K Lee, H Jung, Y Choi, M Yoo, and D Han, *Polarization-selective vortex-core switching by tailored orthogonal gaussian-pulse currents*, Physical Review. B, Condensed Matter and Materials Physics **83** (2011), no. 17.

[YLJK10] Myoung-Woo Yoo, Ki-Suk Lee, Dae-Eun Jeong, and Sang-Koog Kim, *Origin, criterion, and mechanism of vortex-core reversals in soft magnetic nanodisks under perpendicular bias fields*, Physical Review B **82** (2010), no. 17, 174437.

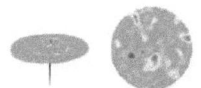

B Literaturverzeichnis

[YMN+10] S Yakata, M Miyata, S Nonoguchi, H Wada, and T Kimura, *Control of vortex chirality in regular polygonal nanomagnets using in-plane magnetic field*, Applied Physics Letters **97** (2010), no. 22.

[ZGI09] C E Zaspel, A Y Galkin, and B A Ivanov, *Frequencies of radially symmetric excitations in vortex state disks*, IEEE transactions on magnetics **45** (2009), no. 2, 661–662.

[ZGMB03] JP Zagorodny, Y Gaididei, FG Mertens, and AR Bishop, *Switching of vortex polarization in 2d easy-plane magnets by magnetic fields*, The European Physical Journal. B **31** (2003), no. 4, 471–487.

[ZIPC05] C Zaspel, B Ivanov, J Park, and P Crowell, *Excitations in vortex-state permalloy dots*, Physical Review. B, Condensed Matter and Materials Physics **72** (2005), no. 2.

[ZLM+05] X Zhu, Z Liu, V Metlushko, P Grutter, and M Freeman, *Broadband spin dynamics of the magnetic vortex state: Effect of the pulsed field direction*, Physical Review B, Condensed Matter and Materials Physics **71** (2005), no. 18, 180408.

Danksagung

Danksagung

Recht herzlich möchte ich mich bei Prof. Dr. Schütz für die Möglichkeit bedanken, in ihrer Abteilung zu promovieren, für das besondere Interesse an meiner Arbeit, die zahlreichen Diskussionen, sowie die gute Zusammenarbeit. Ebenfalls recht herzlich möchte ich mich bei Prof. Dr. Trebin für die Übernahme des Prüfungsvorsitzes bedanken.

Dr. Hermann Stoll danke ich für die Betreuung, sowie seiner großen Kompetenz in Hochfrequenztechnik, welche zu jeder Tages- und Nachtzeit abrufbar war. Für interessante Dikussionen über Magnetismus, Vortex- und Spindynamik möchte ich mich weiter bei Prof. Dr. Fähnle, Dr. Eberhard Göring, Dr. Denis Sheka, Prof. Dr. Mertens, Prof. Dr. C. H. Back und Dr. Georg Woltersdorf bedanken. Georg Woltersdorf danke ich außerdem für die bereitwillige Herstellung der Proben. Rolf Heidemann danke ich für die ideenreiche Mithilfe bei der Entwicklung der GHz Platinen.

Der Support von Kang Wei Chou an der ALS, sowie Michael Bechtel und Markus Weigand an der BESSY hat zu den erfolgreichen Messungen an den Röntgenmikroskopen beigetragen. Weiterer Dank gilt Thomas Bublat für die MFM Messungen, sowie Dr. Marcel Mayer für die Aufnahmen am Elektronenmikroskop. Große Unterstützung aus den Werkstätten erhielt ich vor Allem von Frau Breimaier und Joachim Luther. Monika Kotz möchte ich für ein immer offenes Ohr und so manchen guten Zuspruch danken.

Sowohl meinen Zimmerkollegen Matthias Noske und Markus Sproll, als auch André Bisig danke ich für die gute Zusammenarbeit, so manche interessante Diskussion und die schöne gemeinsame Zeit. Sehr gerne denke ich an die geselligen Momente während der Ausgleichsaktivitäten mit und ohne Ball zurück. Im Besonderen seien dabei Thomas Tietze, Mathias Schmidt, Sergej Subkow, Marcel Mayer, Patrick Audehm und Patrick Juellig genannt.

Für den großen Beistand in Rat und Tat, sowie das Korrekturlesen der Arbeit danke ich Christine, Helga und Helmut Rapp, sowie Helga und Karl Heinz Kammerer. Christine Rapp gilt mein ganz besonderer Dank für ihre unaufhörliche Unterstützung und Entlastung, sowie ihr großes Verständnis während der zurückliegenden Zeit. Schließlich gilt mein großer Dank meinen Eltern Helga und Karl Heinz Kammerer, die mich nach Kräften unterstützt, mich auf meinen Weg vorbereitet und immer an mich geglaubt haben.

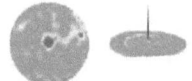

i want morebooks!

Buy your books fast and straightforward online - at one of world's fastest growing online book stores! Environmentally sound due to Print-on-Demand technologies.

Buy your books online at

www.get-morebooks.com

Kaufen Sie Ihre Bücher schnell und unkompliziert online – auf einer der am schnellsten wachsenden Buchhandelsplattformen weltweit! Dank Print-On-Demand umwelt- und ressourcenschonend produziert.

Bücher schneller online kaufen

www.morebooks.de

 VDM Verlagsservicegesellschaft mbH
Heinrich-Böcking-Str. 6-8　　Telefon: +49 681 3720 174　　info@vdm-vsg.de
D - 66121 Saarbrücken　　　Telefax: +49 681 3720 1749　　www.vdm-vsg.de

Printed by Books on Demand GmbH, Norderstedt / Germany